"科学心"
系列丛书

翱翔蓝天

飞机中的科学

"科学心"系列丛书编委会 ◎ 编

U0295729

合肥工业大学出版社
HEFEI UNIVERSITY OF TECHNOLOGY PRESS

图书在版编目(CIP)数据

翱翔蓝天:飞机中的科学/"科学心"系列丛书编委会编 . —合肥:合肥工业大学出版社,2015.11

ISBN 978 - 7 - 5650 - 2512 - 9

Ⅰ.①翱… Ⅱ.①科… Ⅲ.①飞机 - 青少年读物 Ⅳ.①V271 - 49

中国版本图书馆 CIP 数据核字(2015)第 274683 号

翱翔蓝天:飞机中的科学

"科学心"系列丛书编委会 编	责任编辑 韩沁钊 孟宪余
出 版 合肥工业大学出版社	版 次 2015 年 11 月第 1 版
地 址 合肥市屯溪路 193 号	印 次 2018 年 6 月第 2 次印刷
邮 编 230009	开 本 889 毫米 × 1092 毫米 1/16
电 话 总 编 室:0551 - 62903038	印 张 15
市场营销部:0551 - 62903198	字 数 231 千字
网 址 www. hfutpress. com. cn	印 刷 安徽芜湖新华印务有限责任公司
E-mail hfutpress@163. com	发 行 全国新华书店

ISBN 978 - 7 - 5650 - 2512 - 9 定价:29. 80 元

卷 首 语

　　自古以来，人类就梦想能像鸟一样自由飞翔，但直到飞机的发明才真正实现了这个愿望。飞机的发明是人类在 20 世纪所取得的最重大的科学技术成就之一，它与电视和电脑并列为 20 世纪对人类影响最大的三大发明。

　　飞机的诞生及发展改变了人们的生产和生活方式，拉近了远程空间的距离，使地球变成了一个"村落"。飞机的设计、生产和运用过程中还涉及诸多门类的很多科学知识，就让我们一起去欣赏、去品味飞机中的科学吧……

目　录

积极探索——人类对飞行的追求

触摸蓝天——飞机飞行原理及结构

缺一不可

——飞机的动力及设备

自从 20 世纪初莱特兄弟驾驶着第一架带动力的、可操纵的飞机完成了短暂的飞行之后，人类在大气层中飞行的梦想才真正成为现实。经过许多杰出人物的艰苦努力，航空科学技术得到迅速发展，飞机性能不断提高。

飞机性能的好坏很大程度上是由飞机的动力系统即航空发动机决定的，大动力发动机一直是工程师们的追求。随着电子科技的发展，飞机机载设备的质量在逐渐提高，数量在逐渐增多，这也就提高了飞机的飞行性能，增强了飞行安全。

动力之源——内燃机

我们生活中见到的汽车，摩托车，小型飞机等的动力都来自于内燃机，内燃机是这些交通工具的核心部件，就像人的心脏一样。

内燃机是将液体或气体燃料与空气混合后，直接输入机器内部燃烧产生热能再转化为机械能的一种热机。内燃机具有体积小质量小、便于移动、热效率高、起动性能好的特点。但是内燃机一般使用石油燃料，同时排出的废气中含有害气体的成分较高。

◆水冷柴油机

内燃机

广义上的内燃机不仅包括往复活塞式内燃机、旋转活塞式发动机和自由活塞式发动机，也包括旋转叶轮式的燃气轮机、喷气式发动机等，但通常所说的内燃机是指活塞式内燃机。

活塞式内燃机以往复活塞式最为普遍。活塞式内燃机将燃料和空气混合，在其气缸内燃烧，释放出的热能使气缸内产生高温高压的燃气。燃气膨胀推动活塞做功，再通过曲柄连杆机构或其他机构将机械功输出，驱动从动机械工作。

常见的有柴油机和汽油机，它通过做功将内能转化为机械能。

◆一汽一大众迈腾 EA888 2.0TSI 汽油机

链接：内燃机的发展历史

◆瓦特蒸汽机

1670 年，荷兰数学、物理和天文学家海更斯用火药作为燃料，利用其点燃后迅速产生的气体膨胀推力推动活塞运动，制造出世界上第一台"内燃机"。

1712 年，英国发明家托马斯·纽科门研制出蒸汽发动机，尽管他发明的蒸汽机很不完善，但毕竟减轻了人们的体力劳动，使其在欧洲流行了近 60 年。

1782 年，苏格兰工程师詹姆斯·瓦特对纽科门的蒸汽机进行改进，使之成为一种实用的机器。

1801 年，英国人特里维西克研制出形似大型马车的蒸汽机公共汽车，在英国康沃尔投入使用。自此实用的蒸汽机汽车开始发展起来。到 19 世纪中叶这种蒸汽机汽车开始出现，并逐步走向商品化生产。

1866 年，奥托提出了著名的内燃机工作循环理论——奥托循环，这是内燃机工作所遵循的基本原理之一，他为内燃机的发展奠定了理论基础。同年，奥托的公司还成功地研制出具有划时代意义的"往复式四冲程内燃机"，并获得巴黎

◆早期蒸汽公共汽车

◆英国商业运行的蒸汽公共汽车

博览会金奖。这种发动机大大提高了内燃机的热效率，为内燃机的发展做出了杰出贡献。1876 年奥托研制的这种发动机获得了专利并投入批量生产。

1879 年，德国工程师卡尔·本茨在曼因海姆首次研制成功一台小型内燃机。

名人介绍：汽车工业先驱——卡尔·本茨

卡尔·本茨（1844—1929 年）是现代汽车工业的先驱者之一，人称"汽车之父"。

1844 年，本茨出生于德国，父亲原是一名火车司机，在他出世前的 1843 年因发生事故去世了。从中学时期，本茨就对自然科学产生了浓厚的兴趣，1860 年进入卡尔斯鲁厄综合科技学校学习。在这所学校里，他较为系统地学习了机械构造、机械原理、发动机制造、机械制造经济核算等课程，为他日后的发展打下了良好基础。

◆卡尔·本茨

1872 年组建了"奔驰铁器铸造公司和机械工场"，专门生产建筑材料。由于当时建筑业不景气，本茨工场经营困难，面临倒闭危险，万般无奈之际，他决定制造发动机获取高额利润以摆脱困境。于是，他领来了生产奥托

◆第一辆三轮汽车

四冲程煤气发动机的营业执照，经过一年多的设计与试制，于 1879 年 12 月 31 日制造出第一台单缸煤气发动机。不过，这台发动机并没有使奔驰摆脱经济困境，他依然面临着破产的危险，生活十分艰苦。

但是，清贫的生活并没有改变本茨投身发动机研究的决心，经过多年努力，他终于研制成单缸汽油发动机，并安装在自己设计的三轮车架

◆"维克托得亚"牌汽车

上。于 1886 年 1 月 29 日取得了世界上第一个"汽车制造专利权"。

在发明汽车的过程中，卡尔·本茨的勇气令人十分钦佩：首先，他甘心清苦，埋头于自己的发明工作。其次，他果敢地摒弃了在技术上已十分成熟的蒸汽机而选用了自己并不被人看好的内燃机作动力，反映了他在观念上的巨大转变。再次，他既能开发生产反映汽车技术最高水平的"高档车"，又能及时调整产品结构，组织生产适销对路的"普通车"，为公司赢得可观的利润，说明他既有工程师的基本素质，又有企业家的经营技巧。

内燃机的组成

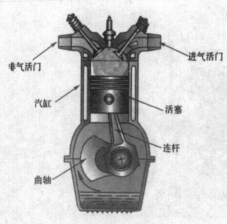

非气活门
进气活门
汽缸
活塞
连杆
曲轴

◆汽缸示意图

往复活塞式内燃机的组成部分主要有曲柄连杆机构、机体和气缸盖、配气机构、供油系统、润滑系统、冷却系统、起动装置等。

气缸是一个圆筒形金属机件。密封的气缸是实现工作循环、产生动力的源地。各个装有气缸套的气缸安装在机体里，它的顶端用气缸盖封闭着。活塞可在气缸套内往复运动，并从气缸下部封闭气缸，从而形成容积作规律变

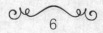

化的密封空间。燃料在此空间内燃烧，产生的燃气动力推动活塞运动。活塞的往复运动经过连杆推动曲轴做旋转运动，曲轴再从飞轮端将动力输出。由活塞组、连杆组、曲轴和飞轮组成的曲柄连杆机构是内燃机传递动力的主要部分。

曲轴的作用是将活塞的往复运动转换为旋转运动，并将膨胀过程所做的功，通过安装在曲轴后端上的飞轮传递出去。飞轮能储存能量，使活塞的其他行程能正常工作，并使曲轴旋转均匀。为了平衡惯性力和减轻内燃机的振动，在曲轴的曲柄上还有适当的平衡质量装置。

内燃机的工作原理

内燃机的工作原理是，燃料在气缸内燃烧，所产生的燃气直接推动活塞作功。下面以图示的汽油机为例加以说明。

开始，活塞向下移动，进气阀开启，排气阀关闭，汽油与空气的混合气进入气缸。当活塞到达最低位置后，改变运动方向而向上移动，这时进排气阀关闭，缸内气体受到压缩。压缩终了，电火花塞将燃料气点燃。燃料燃烧所产生的燃气在缸内膨胀，向下推动活塞而做功。当活塞再次上行时，进气阀关闭，排气阀打开，做功后的烟气排向大气。重复上述进气、压缩、燃烧膨胀、排气等过程，周期循环，不断地将燃料的化学能转化为热能，进而转换为机械能。

内燃机的工作循环由进气、压缩、燃烧和膨胀、排气等过程组成。这些过程中只有膨胀过程是对外做功的过程，其他过程都是为更好地实现做

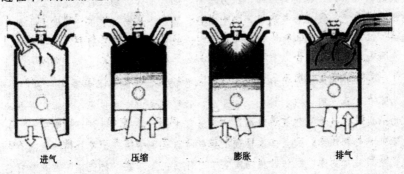

| 进气 | 压缩 | 膨胀 | 排气 |

◆汽油机的工作原理

功过程而需要的过程。

点击——四冲程与二冲程内燃机

按实现一个工作循环的行程数来分，工作循环可分为四冲程和二冲程两类。

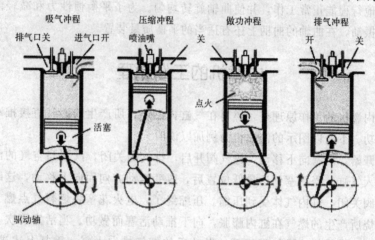

◆四冲程汽油机的工作原理

四冲程是指在进气、压缩、膨胀和排气四个行程内完成一个工作循环，此间曲轴旋转两圈。进气行程时，进气门开启，排气门关闭。流过空气滤清器的空气再经化油器与汽油混合形成的可燃混合气，经进气管道、进气门进入气缸；压缩行程时，气缸内气体受到压缩，压力增高，温度上升；膨胀行程是在压缩上止点前喷油或点火，使混合气燃烧，产生高温、高压，推动活塞下行并做功；排气行程时，活塞推挤气缸内废气经排气门排出。此后再由进气行程开始，进行下一个工作循环。

二冲程是指在两个行程内完成一个工作循环，此期间曲轴旋转一圈。首先，当活塞在下止点时，进、排气口都开启，新鲜充量由进气口充入气缸，并扫除气缸内的废气，使之从排气口排出；随后活塞上行，将进、排气口均关闭，气缸内充量开始受到压缩，直至活塞接近上止点时点火或喷油，使气缸内可燃混合气燃烧；然后气缸内燃气膨胀，推动活塞下行作功；当活塞下行使排气口开启时，废气即由此排出活塞继续下行至下止点，即完成一个工作循环。

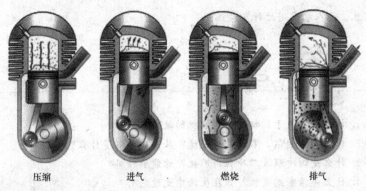

| 压缩 | 进气 | 燃烧 | 排气 |

◆二冲程汽油机的工作原理

小知识——活塞式飞机

　　"活塞式飞机"即以活塞式航空发动机作为动力，通过螺旋桨产生推进力的飞机。由于活塞式发动机功率的限制和螺旋桨在高速飞行时效率下降，只适用于低速飞行。大多应用于轻型飞机和超轻型飞机等，不适合用于军事行动。

　　活塞式飞机大多服役于20世纪50年代以前，目前仅有少量小型飞机、超

◆小鹰－500轻型多用途活塞式飞机

◆德国Rf－109活塞式战斗机

轻型飞机、无人机采用此种发动机。

拓展思考

1. 请你讲讲关于瓦特改良蒸汽机的故事。
2. 你还知道卡尔。本茨的事迹吗？从中你学到了什么？
3. 什么是四冲程及二冲程内燃机？你能解释吗？
4. 什么是活塞式飞机？你在生活中见过它吗？

一颗功能很强的心脏
——涡轮式发动机

我们通常惊叹于战斗机的呼啸而过、大型运输飞机的超强运输能力及大型船舶的超强载货能力，超强的动力来源于它们的发动机——涡轮式发动机。涡轮发动机也是内燃机的一种，通常需要吸入气体，然后通过加热使其从尾部高速喷出，从而获得一个反冲力。

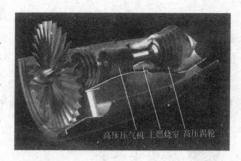

高压压气机 主燃烧室 高压涡轮

◆涡轮风扇发动机

涡轮式发动机

涡轮发动机主要类型有：涡轮喷气发动机（主要用于军机）；涡轮风扇发动机（主要用于干线飞机和军机）；涡轮螺旋桨发动机（主要用于支线飞机）；涡轮轴发动机（主要用于直升机），此外还有螺旋桨及风扇组合的桨扇发动机。

所有的涡轮发动机都具备压缩机、燃烧室、涡轮机。航空燃气涡轮发动机仍属于热机的一种，因此从产生输出能量的原理上讲，燃气涡轮发动机和活塞式发动机

进气道　压气机　燃烧室　涡轮机　喷口

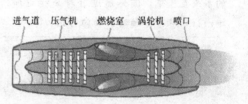

◆涡轮喷气发动机

动力输出　压气机　普通涡轮　自由涡轮

进气道　燃烧室

◆涡轮轴发动机

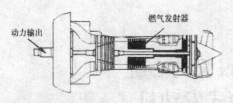

动力输出　燃气发射器

◆涡轮螺旋桨发动机

风车与水车这类装置，可以说是人类最早发明的涡轮发动机的原型。

是相同的，都需要有进气、加压、燃烧和排气这四个阶段。在航空燃气涡轮发动机中，进入发动机的空气经压气机压缩后，流入燃烧室与喷入的燃油混合后燃烧，形成高温、高压的燃气，再进入燃气涡轮中膨胀做功，使涡轮高速旋转并输出功率。由燃气涡轮出来的燃气，仍具有一定的能量，正是这股具有能量的燃气，才产生了发动机的推力或输出功率。利用这股燃气能量的方式不同，就相应地产生了不同类型的燃气涡轮发动机。

科技文件夹

虽然涡轮发动机可能有许多不同的动作原理，但最简单的涡轮形式可以只包含一个"转子"，例如一个带有中心轴的扇叶，将此扇叶放置在流动的水或空气中，流体通过时对扇叶施加的力量会带动整个转子开始转动，进而得以从中心轴输出轴向的扭力。

讲解——喷气发动机的推重比

喷气发动机的推力和发动机的净重之比，称为发动机的推重比。

推重比是一个综合性的性能指标，它不仅体现喷气发动机在气动热力循环方面的水平，也体现了结构方面的设计水平。目前，高性能的加力式涡轮风扇发动机的推重比可达8～10。

◆发动机的推重比

广角镜——中国的太行航空发动机

太行发动机，也叫涡扇10系列发动机。20世纪80年代中期，面对中国航空界的严峻局面，国家决定发展新一代大推力涡扇发动机。经中国航空研究院606所多年努力，太行发动机于2004年随歼—10正式生产定型，2005年随机大批量入役。太行发动机的研制成功，标志着中国在自主研制航空

◆太行发动机

发动机的道路上实现了重大跨越，为今后加速我国航空发动机事业跨越式发展打下基础，对加强国防现代化建设具有十分重要的意义。

新中国成立60年来，中国的航空发动机走出了一条从测绘仿制、改进改型向自主研制转变的自强之路，成为世界上仅有的5个拥有自主研制航空发动机能力的国家。

名人介绍——中国航空发动机之父——吴大观

吴大观（1916—2009），江苏镇江人。航空发动机专家。被誉为"中国航空发动机之父"。

1942年吴大观毕业于西南联合大学航空系。1944年赴美国，先后在莱可敏航空发动机制造厂和普拉特惠特尼公司实习。1947年回国。曾任大定航空发动机厂广州分厂技术员、北京大学讲师、华北人民政府企业部工程师。

◆吴大观

新中国成立后，历任重工业部航空工业管理局科长、处长，沈阳航空发动机制造厂设计室主任、总工程师，中国航空研究院发动机研究所副所长，西安航空发动机制造厂副厂长，航空工业部科技委员会常委、高级工程师，中国航空学会第一、二届理事。是第五、六届全国政协委员，第三届全国人大代表。

2009年3月18日因病去世，享年93岁。

吴大观长期从事航空发动机的仿制和自行研制的组织领导工作。他一生爱党爱国、爱岗敬业、艰苦朴素、无私奉献、助人为乐、淡泊名利，有着坚定的理想信念和崇高的思想境界，为我国航空发动机的振兴发展做出了突出贡献。在他的领导下，制造出了涡扇-5（WS-5）、涡扇6（WS-6）涡轮风扇发动机，对昆仑发动机和太行发动机的定型有很大影响。

"由修理到制造，我们的道路要这样开始。"

"人生的道路是施与而不是索求。"

吴大观说。

2009年7月，央视、人民日报开始宣传吴大观的事迹。

广角镜——推力矢量技术

简而言之，推力矢量技术就是通过偏转发动机喷流的方向，从而获得额外操纵力矩的技术。我们知道，作用在飞机上的推力是一个有大小、有方向的量，这种量被称为矢量。然而，一般的飞机上，推力都顺飞机轴线朝前，方向并不能改变，所以为了强调这一技术中推力方向可变的特点，就将它称为推力矢量技术。

◆推力矢量发动机

不采用推力矢量技术的飞机，发动机的喷流都是与飞机的轴线重合的，产生的推力也沿轴线向前，这种情况下发动机的推力只是用于克服飞机所受到的阻力，提供飞机加速的动力。

采用推力矢量技术的飞机，则是通过喷管偏转，利用发动机产生的推力，获得多余的控制力矩，实现飞机的姿态控制。其突出特点是控制力矩与发动机紧密相关，而不受飞机本身姿态的影响。因此，可以保证在飞机做低速、大攻角机动飞行而操纵舵面几近失效时，利用推力矢量提供的额外操纵力矩来控制飞机机动。第四代战斗机要求飞机具有过失速机动能力，即大迎角下的机动能力。推力矢量技术恰恰能提供这一能力，是实现第四代战斗机战术、技术要求的必然选择。

拓展思考

1. 涡轮式发动机的基本组成是什么？各部分的功能怎样？

2. 上网查阅关于吴大观的资料并整理成小故事与小朋友们分享。

3. 请查资料说说我国航空发动机的研究历程及现在我国最先进的航空发动机。

人机的对话
——飞行显示系统

　　飞机飞行的过程中，飞行员要知道飞行的高度、速度、方向、燃油剩余量等参数，以便对飞机进行操控，对飞行姿势和航线进行调整。这些重要数据都要通过特定的设备显示给飞行员，完成各种显示的设备称为显示系统。

◆飞机中的航空仪表

航空仪表

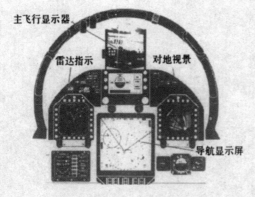

◆飞机中的航空仪表

　　航空仪表是为飞行人员提供有关飞行器及其分系统信息的设备。

　　仪表提供的信息既是飞行人员操纵飞行器的依据，又反映飞行器被操纵的结果。莱特兄弟首次飞行时，飞机上只有秒表、风速计、转速表。后来又增加了指示高度用的气压计、指示航向用的磁罗盘、指示飞机姿态用的气泡式水平仪。从20世纪30年代开始，飞机配备了能完成盲目飞行的一些基本仪表，其中包括空速表、高度表、陀螺地平仪、航向陀螺仪、升降速度表和转弯倾斜仪。随着发动机、高速飞机的机载系统逐渐增多，仪表需求量也日益增长。电子技术的发展，为仪表数字化、小型化、综合化、智能化提供了条件。航空仪表

◆汽车上速度显示仪表

分为飞行仪表、导航仪表、发动机仪表和系统状态仪表四大类。①飞行仪表。指示飞行器在飞行中的运动参数，如陀螺仪表、加速度仪表和各种气压式仪表等。②导航仪表。显示飞行器相对于地球或其他天体的位置，起定位和定向作用，如导航系统、导航时钟、航向仪表等。③发动机仪表。用于检查和指示发动机工作状态，如转速表、压力表、温度表和流量表等。④系统状态仪表。用于显示飞机在飞行过程中系统状态参数的仪表，不同型号的飞机通常有不同的系统状态仪表。

飞行器显示系统

飞机的显示系统有：机械仪表显示和电子综合显示。老式的飞机通常是机械仪表显示系统，随着电子技术的发展，电子综合显示逐步淘汰机械

◆歼－8Ⅱ战斗机

◆歼－8Ⅱ战斗机的机械仪表显示

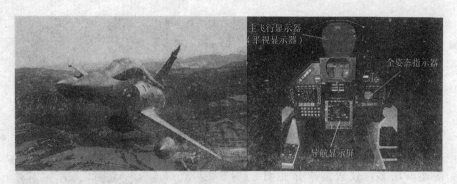

◆法国幻影 2000 战斗机　　　　◆法国幻影 2000 战斗机的电子综合显示

仪表显示。

1. 机械仪表显示通常由指针、刻度盘、机械计数器、标记和图形等组成。特点是：简单、清晰；能反映变化过程；精度低，寿命短，易受振动冲击；不易综合显示。

2. 电子综合显示，把测得的电信号转换为电子显示器的光电信号以显示所需的信息，可以是数字式、符号、图形及其组合形式。特点是：显示界面灵活多样，色彩丰富；易综合显示，减少仪表数量，精度高，寿命长，可靠性高。

 广角镜——头盔显示系统

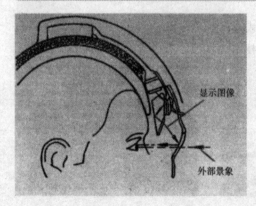

◆头盔显示原理

在飞行员的头盔上利用成像技术显示出外界的画面，其原理是通过战斗机外的摄像机把外界的画面转换成电信号，然后传到头盔的显示屏上。这样可以使飞行员具有更广阔的视野。头盔显示系统是虚拟现实技术中的重要硬件工具之一。

头盔显示器的光学设计和制造技术日趋完善。现在除了在先

进军事电子技术中得到普遍应用，成为单兵作战系统的必备装备外，还拓展到民用电子技术中，虚拟现实电子技术系统首先应用了头盔显示器。近期新一代家用仿真电子游戏机和步行者 DVD 影视系统的出现，就是头盔显示器普及推广应用的实例。

◆F—35 战斗机头盔显示仪

拓展思考

1. 你见过生活中的哪些设备上有仪表显示？请说说它们显示的是些什么量？

2. 请举出生活中的指针显示仪表和数字显示仪表的例子。

3. 你体验过头盔显示器吗？

感知的延伸
——飞行测量仪器

　　飞机飞行过程中的飞行参数比较多，飞行员可以通过各种参数及时调整飞机的飞行。总的来说飞行参数的分类包括：压力、温度、转速、流量、油量、电压、电流、方位和姿态角等物理量。它们是通过各种传感器进行测量而得到的。

◆航天飞机上的燃料传感器

传感器

◆风速传感器

◆烟雾传感器

传感器是一种物理装置，能够探测、感受外界的信号，如：光、热、湿度的变化或烟雾等，并将探知的信息传递给其他装置。

　　人们为了从外界获取信息，必须借助于感觉器官。而单靠人们自身的感觉器官，在研究自然现象和规律以及生产活动中它们的功能时就远远不够了。为适应这种情况，就需要传感器。因此可以说，传感器是人类五官的延伸，故称之为电五官。

压电传感器

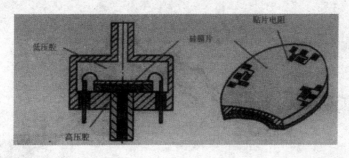

　低压腔　　　　　　　　　　硅膜片　　　　贴片电阻
　　高压腔

◆压阻式压力传感器

　　压电传感器可以用来测量力、压力等物理量，它利用了压电效应，即某些电介质在沿一定方向上受到外力的作用而变形时，其内部会产生极化现象，同时在它的两个相对表面上出现正负相反的电荷。当外力去掉后，它又会恢复到不带电的状态，这种现象称为正压电效应。当作用力的方向改变时，电荷的极性也随之改变。相反，当在电介质的极化方向上施加电场，这些电介质也会发生变形，电场去掉后，电介质的变形随之消失，这种现象称为逆压电效应，或称为电致伸缩现象。依据电介质压电效应研制的一类传感器称为压电传感器。

知识窗

话筒的原理

　　我们平时用的各种话筒其实就是一个压电传感器，当人讲话时，声音压迫话筒中的碳精膜片，挤压使碳粒电阻变化，从而使电流产生变化。电流的强弱反映了声音的大小。

飞行高度测量仪

高度分为四种：绝对高度、相对高度、真实高度和标准气压高度。

因为高度与大气压力有固定的函数关系，可以通过测量大气压力间接地得到高度。也可以通过无线电高度表测量。

依不同的基准面，高度分为四种（如下图所示）：

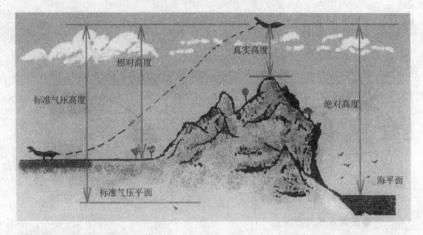

◆不同飞行高度示意图

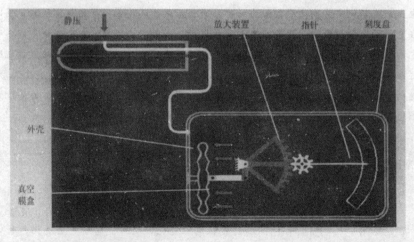

◆测量飞行高度仪表示意图

飞行速度的测量

飞行速度分为空速和地速。飞行状态主要关心空速。空速可以通过压力、加速度积分和雷达等方法测量。地速则需要知道大气中风的大小和方向，才可结合空速根据矢量计算出来。

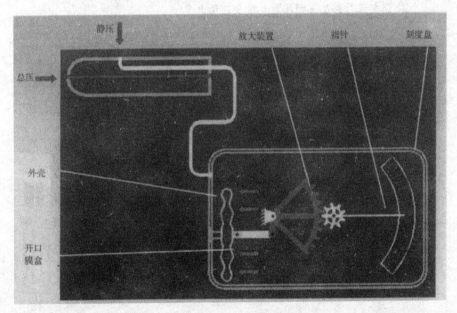

◆ 测量飞行速度仪表示意图

在飞机的前边安装有一个叫空速管的管子，也叫皮托管、总压管、风向标气流方向传感器或流向角感应器，当飞机向前飞行时，气流便冲进空速管，在管子末端的感应器会感受到气流的冲击力量，即动压。飞机飞得越快，动压就越大。如果将空气静止时的压力即静压和动压相比就可以知道冲进来的空气有多快，也就是飞机飞得有多快。比较两种压力的工具是一个用上下两片很薄的金属片制成的表面带波纹的空心圆形盒子，称为膜盒。这盒子是密封的，但有一根管子与空速管相连。如果飞机速度快，动压便增大，膜盒内压力增加，膜盒会鼓起来。用一个由小杠杆和齿轮等组成的装置可以将膜盒的变形测量出来并用指针显示，这就是最简单的飞机空速表。

拓展思考

1. 生活中你用过或见过哪些传感器？请说说它们测量的物理量及其简单的原理。

2. 飞机飞行高度有哪几种？请分别说出。

转动确定方位——陀螺仪

陀螺是青少年们十分熟悉的玩具。中国是陀螺的发源地，现在这种玩具已经风靡全世界。人们利用陀螺的力学性质所制成的各种功能的陀螺装置称为陀螺仪，它能够确定物体的方位，现在它在科学、技术、军事等各个领域有着广泛的应用。

◆五彩陀螺

陀螺仪

绕一个支点高速转动的刚体称为陀螺。通常所说的陀螺是特指对称陀螺，它是一个质量均匀分布的、具有轴对称形状的刚体。

一个旋转物体的旋转轴所指的方向，在不受外力影响时是不会改变的。人们根据这个道理，用它来保持方向，制造出来的东西就叫陀螺仪。我们骑自行车其实也是利用了这

◆大叔正在玩陀螺

静止状态　　　　　　　　　　　　旋转状态

◆陀螺静止和旋转状态

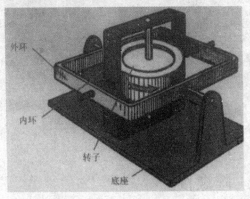

外环

内环

转子

底座

◆陀螺仪的组成

◆军用陀螺仪

个原理。轮子转得越快越不容易倒，、因为车轴有一股保持水平的力量。陀螺仪在工作时给它一个力，使它快速旋转起来，一般能达到每分钟几十万转，可以工作很长时间。然后用多种方法读取轴所指示的方向，并自动将数据信号传给控制系统。

知识库——现代陀螺仪

　　现代陀螺仪是一种能够精确地确定运动物体的方位的仪器，它是现代航空、航海、航天和国防工业中广泛使用的一种惯性导航仪器，它的发展对一个国家的工业、国防和其他高科技的发展具有十分重要的战略意义。

传统的惯性陀螺仪主要是指机械式的陀螺仪，机械式的陀螺仪对工艺结构的要求很高，结构复杂，它的精度受到了很多方面的制约。

自从 20 世纪 70 年代以来，现代陀螺仪的发展已经进入了一个全新的阶段。1976 年提出了现代光纤陀螺仪的基本设想，到 80 年代以后，现代光纤陀螺仪就得到了非常迅速的发展，与此同时激光谐振陀螺仪也有了很大的发展。

由于光纤陀螺仪具有结构紧凑、灵敏度

◆光纤陀螺仪

高、工作可靠等等优点，所以目前光纤陀螺仪在很多的领域已经完全取代了传统的机械式陀螺仪，成为现代导航仪器中的关键部件。和光纤陀螺仪同时发展的除了环式激光陀螺仪外，还有现代集成式的振动陀螺仪。集成式的振动陀螺仪具有更高的集成度，体积更小，也是现代陀螺仪的一个重要的发展方向。

小贴士——磁罗盘

根据指南针原理制成的，用以指示方位的仪器，又称磁罗经。主要由若干平行排列的磁针、刻度盘和磁误差校正装置组成，磁针固装在刻度盘背面，在地磁影响下，磁针带刻度盘转动，用以指出方向。常在船舶和飞机上作导航用。

13 世纪，海运事业发展起来，逐渐采用磁罗盘导航，并有了"针路"的记载，表示船行应取的方向。早期飞机上就装有磁罗盘，但是由于飞机上钢铁构件和电气设备所形成的磁场干扰影响很大，必须采用补偿的方法以抵消飞机本身的磁场干扰。

◆中国航海者的磁罗盘

航空磁罗盘有两种基本类型。①直读式：优点是简单可靠，但因装在磁干扰较大的驾驶舱内，故误差较大。②远读式：把磁罗盘改成磁航向传感器，安装在驾驶舱外，将检测到的磁航向信息远距离送到驾驶舱的仪表板上显示，其优点是可把磁传感器安装在机上磁干扰较小的位置。

　　磁罗盘在飞机作非匀速飞行或转弯时，会产生较大的误差，也不适宜在磁性异常地区和高纬度地区使用，因此近代飞机上远读式磁罗盘已由性能较完善的陀螺磁罗盘或航向系统所取代。

拓展思考

　　1. 你玩过陀螺吗？怎么才能玩好陀螺？

　　2. 陀螺仪有机械陀螺仪、光纤陀螺仪及激光谐振陀螺仪，能说出它们的优缺点吗？

　　3. 指南针是中国四大发明之一，请利用磁铁自己制作一个指南针。

无所不知的指路人
——飞行器导航系统

平时生活中你迷路了该怎么办呢？古人借助于指南针辨认方向，现在有了卫星，可以为我们更好地指路。把飞行器从出发地引导到目的地的过程称为导航。导航参数有位置、方向、速度、高度和航迹等。导航方式有：无线电导航，卫星导航、惯性导航、图像匹配导航、天文导航以及它们的组合。

◆无线电导航

无线电导航

无线电导航是利用无线电指引交通工具安全、准时地从一地航行到另一地的技术和方法。

无线电导航主要利用了电磁波的以下性质：电磁波在均匀理想媒质中，沿直线传播；电磁波的传播速度是恒定的；电磁波在传播路线上遇到障碍物时会发生反射。

无线电导航就是通过无线电波的接收、发射和处理，用导航设备测量出发出信号的运动载体

◆无线电导航

相对于导航台的方向、距离、速度等导航参量。通过测量无线电导航台发射信号的时间、相位、幅度、频率参量，可确定运动载体相对于导航台的方位、距离和距离差等几何参量，从而确定运动载体与导航台之间的相对位置关系，据此实现对运动载体的定位和导航。

无线电导航的优点是：不受时间、天气限制，精度高，作用距离远，定位时间短，设备简单可靠。缺点是：必须辐射和接收无线电波，因而易被发现和干扰；需要载体外的导航台支持，一旦导航台失效，与之对应的导航设备就无法使用；另外还容易发生故障。

惯性导航系统

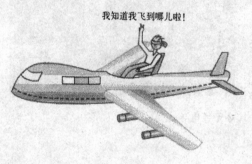

我知道我飞到哪儿啦！

◆蒙上眼睛知道飞到哪儿了

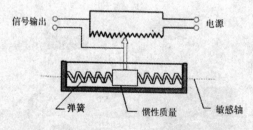

信号输出　　　　　　　　　电源

弹簧　　　惯性质量　　　敏感轴

◆加速度计的构成

惯性导航系统是一种不依赖于外部信息，也不向外部辐射能量的自主式导航系统。其工作环境不仅包括空中、地面，还可以在水下。

惯性导航系统的基本工作原理是以牛顿力学定律为基础，通过测量载体在惯性参考系的加速度，经运算处理而获得飞行器当时的速度和位置的方法进行导航。

惯性导航系统有如下主要优点：①可全天候、全球、全时间地工作于空中、地球表面乃至水下。②由于它是不依赖于任何外部信息，也不向外部辐射能量的自主式系统，故隐蔽性好，也不受外界电磁干扰的影响。③能提供位置、速度、航向和姿态角数据，所产生的导航信息连续性好而且噪声低。④数据更新率高、短期精度和稳定性好。其缺点是：①由于导航信息需经过积分产生，定位误差随时间而增大，长期精度差。②每次使用之前需要较长的初始对准时间。③设备的价格较昂贵。④不能给出时间信息。

卫星导航系统

卫星导航系统，就是"全球卫星导航系统"，英文缩写为GPS。它是20世纪70年代由美国陆海空三军联合研制的新一代空间卫星导航定位系统。其主要目的是为陆、海、空三大领域提供实时、全天候和全球性的导航服务，并用于情报收集、核爆监测和应急通信等一些军事目的，是美国独霸全球战略的重要组成部分。

◆轨道上的导航卫星

经过20余年的研究实验，耗资300亿美元，到1994年3月，全球覆盖率高达98％的24颗GPS卫星星座已布设完成。24颗GPS卫星在离地面20200公里的高空上，以12小时的周期环绕地球运行，使得在任意时刻，在地面上的任意一点都可以同时观测到4颗以上的卫星。

由于卫星的位置精确可知，在GPS观测中，我们可得到卫星到接收机的距离，利用三维坐标中的距离公式，利用3颗卫

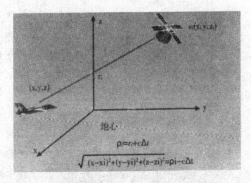

◆卫星导航原理

星，就可以组成3个方程式，解出观测点的位置（X，Y，Z）。考虑到卫星的时钟与接收机时钟之间的误差，实际上有4个未知数，X、Y、Z和钟

差，因而需要引入第 4 颗卫星，形成 4 个方程式进行求解，从而得到观测点的经纬度和高程，

　　由于卫星运行轨道、卫星时钟存在误差，大气对流层、电离层对信号的影响，以及人为的保护政策，使得民用 GPS 的定位精度只有 100 米。为提高定位精度，普遍采用差分 GPS（DGPS）技术，建立基准站进行 GPS 观测，利用已知的基准站精确坐标，与观测值进行比较，从而得出一修正数，并对外发布。接收机收到该修正数后，与自身的观测值进行比较，消去大部分误差，得到一个比较准确的位置。实验表明，利用差分 GPS，定位精度可提高到 5 米。

原理透析——GPS 卫星导航的构成

全球定位系统主要由以下三部分组成：

1. 空间部分

GPS 的空间部分由 24 颗工作卫星组成，它位于距地表 20200 公里的上空，均匀分布在 6 个轨道面上，每个轨道面 4 颗。此外，还有 3 颗有源备份卫星在轨运行。卫星的分布使得在全球任何地方、任何时间都可观测到 4 颗以上的卫星。

2. 地面控制系统

地面控制系统由监测站、主控制站、地面天线组成，主控制站位于美国科罗

◆GPS 接收器

拉多州春田市。地面控制站负责收集由卫星传回之信息，并计算卫星星历、相对距离，大气校正等数据。

3. 用户设备部分

用户设备部分即 GPS 信号接收机。其主要功能是能够捕获到按一定卫星截止角所选择的待测卫星，并跟踪这些卫星的运行。当接收机捕获到跟踪的卫星信号后，解调出卫星轨道参数等数据。根据这些数据，接收机中的微处理计算机就可按定位解算方法进行定位计算，计算出用户所在地理位置的经纬度、高

度、速度、时间等信息。目前各种类型的接收机体积越来越小，重量越来越轻，便于野外观测使用。其次则为使用者接收器，现有单频与双频两种，但由于价格因素，一般使用者所购买的多为单频接收器。

点击——中国北斗卫星导航系统

　　北斗卫星导航系统是中国正在实施的自主发展、独立运行的全球卫星导航系统。

　　中国已成功发射 4 颗北斗导航试验卫星和 3 颗北斗导航卫星，将在系统组网和试验基础上，逐步扩展为全球卫星导航系统。

　　2000 年以来，中国已成功发射了 4 颗"北斗导航试验卫星"，建成北斗导航试验系统（第一代系统）。这个系统具备在中国及其周边地区范围内的定位、授时、报文和 GPS 广域差分功能，并已在测绘、电信、水

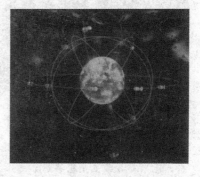

◆中国北斗卫星导航系统

利、交通运输、渔业、勘探、森林防火和国家安全等诸多领域逐步发挥重要作用。

　　中国正在建设的北斗卫星导航系统空间段由 5 颗静止轨道卫星和 30 颗非静止轨道卫星组成，提供两种服务方式，即开放服务和授权服务（属于第二代系统）。开放服务是在服务区免费提供定位、测速和授时服务，定位精度为 10 米，授时精度为 50 纳秒，测速精度 0.2 米/秒。授权服务是向授权用户提供更安全的定位、测速、授时和通信服务以及系统完好性信息。

　　中国计划 2012 年左右，"北斗"系统将覆盖亚太地区，2020 年左右覆盖全球。

广角镜——世界上的四大导航系统

　　目前全世界有 4 套卫星导航系统：中国北斗、美国 GPS、俄罗斯"格洛纳斯"、欧洲"伽利略"。

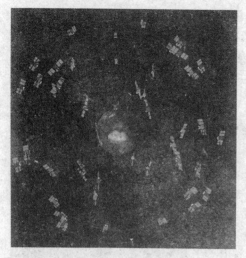

◆欧洲伽利略卫星定位系统

俄罗斯"格洛纳斯"最早开发于苏联时期,后由俄罗斯继续该计划。俄罗斯1993年开始独自建立本国的全球卫星导航系统。按计划,该系统于2007年年底之前开始运营,当时只开放俄罗斯境内卫星定位及导航服务。到2009年年底前,其服务范围拓展到全球。该系统主要服务内容包括确定陆地、海上及空中目标的坐标及运动速度信息等。

俄罗斯"格洛纳斯"卫星定位系统拥有工作卫星21颗,分布在3个轨道平面上,同时有3颗备份星。每颗卫星都在1.91万公里高的轨道上运行,周期为11小时15分。因"格洛纳斯"卫星星座一直处于降效运行状态,现只有8颗卫星能够正常工作。"格洛纳斯"的精度要比美国的GPS系统的精度低。

伽利略卫星导航系统是由欧盟主导的全球卫星导航系统。耗资30亿欧元,共发射30颗卫星。包括韩国、中国、日本、阿根廷、澳大利亚、俄罗斯等国也

◆俄罗斯"格洛纳斯"全球卫星导航系统

在参与该计划。当初的完成目标是 2008 年，但由于技术等问题，延长到了 2011 年，最新消息推迟到 2014 年。中国也向伽利略计划投资了 296 万美元。

"伽利略"系统将为欧盟成员国和中国的公路、铁路、空中和海洋运输甚至徒步旅行者有保障地提供精度为 1 米的定位导航服务，从而也将打破美国独霸全球卫星导航系统的格局。

图像匹配导航系统

图像匹配导航系统即事先通过各种手段（大地测量、航空摄影、卫星摄影等）获得的地表三维特征数字化地图。飞行器飞越原图区域时，通过探测设备（无线电高度表、摄像设备等）取得实际地表特征图像。将实时图与预先存储的原图进行比较，由此确定飞行器实际位置与要求位置的偏差，而对飞行器导航。

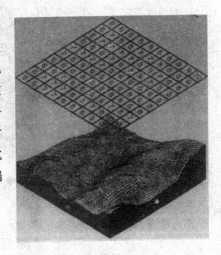

◆数字地图

拓展思考

1. 你使用过 GPS 导航系统吗？你能从车载 GPS 接收器上读出哪些数据？

2. 目前世界上有哪四大导航系统？中国正在发展的导航系统名称是什么？其功能又怎样？

3. 你能说出哪些导航方法？其各自的原理是什么？

神奇的千里眼
——飞行上的雷达系统

蝙蝠能在漆黑的夜间自由飞行和捕捉昆虫，不是因为其视力很好，而是因为它的耳朵很灵。蝙蝠飞行时会发出一束声波，当向前传播的声波遇到障碍物或昆虫时会反射回来，蝙蝠听到反射回来的声音就可以判断出前方有无障碍物或判断出昆虫的位置。人类模仿此原理发明了雷达。

◆蝙蝠捕捉昆虫

雷达设备

雷达即利用电磁波探测目标的电子设备。发射电磁波对目标进行照射并接收其回波，由此获得目标至电磁波发射点的距离、速度、方位、高度等信息。

雷达所起的作用和眼睛相似，但它的信息载体是无线电波。事实上，不论是可见光或是无线电波，在本质上是同一种东西，都是电磁波，传播的速度都是光速 C，差别在于它们各自占据的波段不同。

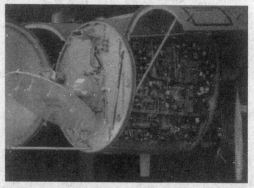

◆机载雷达

雷达的优点是：白天黑夜均能探测远距离的目标，且不受雾、云和雨的阻挡，具有全天候、全天时的特点，并有一定的穿透能力。因此，它不仅成为军事上必不可少的电子装备，而且广泛应用于：气象预报、环境监测等。

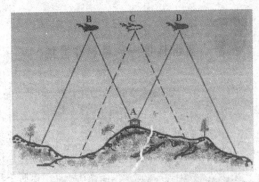

◆飞机打开雷达飞行

知识库——合成孔径雷达

合成孔径雷达就是利用雷达与目标的相对运动，把尺寸较小的真实天线孔径用数据处理的方法合成一较大的等效天线孔径的雷达。合成孔径雷达的特点是分辨率高，能全天候工作，能有效地识别伪装和穿透掩盖物。

合成孔径雷达主要用于航空测量、航空遥感、卫星海洋观测、航天侦察、图像匹配制导等。它能发现隐蔽和伪装的目标，如识别伪装的导弹地下发射

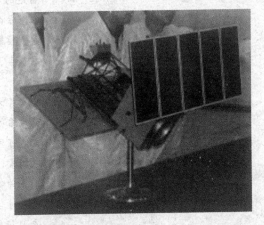

◆合成孔径雷达侦察卫星

井、识别云雾笼罩地区的地面目标等。在导弹图像匹配制导中，采用合成孔径雷达摄图，能使导弹击中隐蔽和伪装的目标。合成孔径雷达还用于深空探测，例如用合成孔径雷达探测月球、金星的地质结构。

知识链接——相控阵雷达

◆法扎特龙 Zhuk AE AESA 相控阵雷达

◆普通雷达的旋转天线

◆大型机动相控阵雷达

相控阵雷达又称作相位阵列雷达，是一种以改变雷达波相位来改变波束方向的雷达，因为是以电子方式控制波束而非传统的机械转动天线面方式，故又称电子扫描雷达。

相控阵雷达有相当密集的天线阵列，在传统雷达天线面的面积上可安装上千个相控阵天线，任何一个天线都可收发雷达波，而相邻的数个天线即具有一个雷达的功能。由于一个雷达可同时针对不同方向进行扫描，再加之扫描方式为电子控制而不必由机械转动，因此资料更新率大大提高，它更适于对付高机动目标。

其优点是：①波束指向灵活，能实现无惯性快速扫描，数据率高；②一个雷达可同时形成多个独立波束，分别实现搜索、识别、跟踪、制导、无源探测等多种功能；③目标容量大，可在空域内同时监视、跟踪数百个目标；④对复杂目标环境的适应能力强；⑤抗干扰性能好。全固态相控阵雷达的可靠性高，即使少量组件失效仍能正常工作。

美中不足的是，相控阵雷达设备复杂、造价昂贵，且波束扫描范围有限，最大扫描角为 $90°\sim120°$。当需要进行全方位监视时，需配置 $3\sim4$ 个天线阵面。

广角镜——蜻蜓的眼睛和相控阵雷达

昆虫的眼睛有两种，一种叫单眼，一种叫复眼。单眼一般为卵圆形，昆虫的单眼结构极其简单，只不过是一个突出的水晶体，内部是一团视觉细胞，所以功能简单。昆虫的复眼则是别具一格的，它们的每只复眼几乎都是由成千上万只六边形的小眼紧密排列组合而成的。而每个小眼只接受单一方向的光信号刺激，形成点状的影像，每只小眼睛又都自成体系，但这并不等于有多少只小眼就能看到多少花朵，而是每只小眼睛只能看见物体的一部分，整个眼睛看物体就像一个拼凑物，所有点状影像相互嵌合，即形成正立的影像。所以，复眼的小眼数量愈多，分辨率越高，视野通常愈宽广。

◆蜻蜓的眼睛

蜻蜓的复眼在昆虫界要算最大最多的了，其头部的大部分都被一对大大的复眼占据了，占头部总面积的 2/3，而且构造非常奇特：复眼上半部分的小眼睛，专

◆美国陆基相控雷达

门看远处的物体，下半部分的小眼睛，专门看近处的物体。所以蜻蜓的视觉非常灵敏。蜻蜓的每个复眼均由许多小眼组成，数目由 10 个～3 万个不等，是一般昆虫的 10 倍。每一小眼都是一架小型照相机，周围的物体不断被摄入，形成图像。整个复眼为球形，其弧形的表面可照顾到各个方向，加之蜻蜓的大脑袋能自如转动，使蜻蜓的视野非常开阔。

与此类似，相控阵雷达的天线阵面也由许多个辐射单元和接收单元组成，单元数目和雷达的功能有关，可以从几百个到几万个。这些单元有规则地排列在平面上，构成阵列天线。天线的单元数目越多，则波束在空间可能的方位就越多。这种雷达的工作基础是相位可控的阵列天线，"相控阵"由此得名。

拓展思考

1. 你能说说雷达的基本原理吗？
2. 你知道几种类型的雷达？其名称各是什么？其优缺点又是什么？
3. 你能讲出有关雷达在战争上应用的故事吗？

生命的保障
——飞行员的防护系统

飞行员通常要在几千米甚至上万米的高空飞行，而在高空氧气含量会很少，温度也比较低，如果不采取必要的防护措施，飞行员会因为缺氧及寒冷而昏迷甚至死亡。可以通过控制机舱里的环境及让飞行员穿上飞行服来保护他们的生命安全。

◆座舱环境控制系统

座舱环境控制系统

座舱环境控制系统，即座舱通风、温度、气压、氧气含量等的控制系统。飞机在高空是缺氧、低温的环境，为了能够创造出适合人生存的环境，飞机上有各种设备使机舱内保持适当的气压、温度及氧气。

客机的通风量主要由气味决定，一般客舱每小时换气不应低于25～30次。客舱内的温度一般在15℃～

◆F—117战斗机座舱

26℃，这是由空调系统完成的。在客机上，客舱的增压有严格的环境控制，现在客机在高空飞行时，空气都来自发动机的压气机，并不是直接吸入外界的环境空气。

从压气机引入的空气温度很高，有几百度，因此引入的空气一部分通过热交换器和涡轮降温，可以低达零度，然后和另一路未经冷却的热空气混合后进入飞机的客舱，提供合适的温度。

飞机只要做到客舱压力和地面一致，则空气成分就会一致，并没有特别控制空气成分的部件和系统。储存的制氧剂只是为了应对紧急状态才启用。而在未来的波音787设计中，已不再从发动机的压气机引气来供给客舱，而是直接从外界大气中引气，增压后进入客舱，这样可以减少发动机工作时的负担。

飞行员个体防护系统

飞行员个体防护系统包括：飞行服、氧气面罩、头盔等设备。

飞行服是飞行员在执行飞行任务时穿着的军服，是保证飞行人员在飞行中，特别是在高空低气压、缺氧等情况下保证正常工作和生命安全的重要装备。主要包括：头盔、风镜、外上衣、裤子、皮靴、手套和毛衣裤、衬衣裤等。

按穿用季节，飞行服分为春秋季、夏季和冬季飞行服。通常上衣为夹克式，下衣为马裤式。中国人民解放军航飞行服外衣通常采用薄布料，具有防寒、防风、保暖性、透湿透气性和轻便的特点。

氧气面罩可以把呼吸需要的氧气从储罐中转入到飞行员的肺部。氧气面罩包裹鼻子和嘴巴或整个脸部。

头盔是飞行员个人头部防护装备。其主要功能是保证飞行员正常的无线

◆飞行员防护救生系统与弹射座椅

◆飞行员头盔

电通信，并最大限度地防止或减轻起飞、着陆、机动飞行、弹射救生等过程中头部碰撞以及弹射救生或跳伞时迎面气流吹袭引起的损伤。

随着科技的发展和飞机性能的提高，在飞行员头盔上赋予了许多新的功能，如与氧气面罩、供氧装备配套，保证其正常的供氧；与武器火控系统相连，头盔上有瞄准显示器、微光夜视镜以及综合信息显示器等，还具有隔噪声、防眩光、防激光等功能。

 知识链接——战斗机座椅

战斗机座椅是在飞机发生事故时依靠座椅下的动力装置将飞行员弹射出机舱，然后张开降落伞使飞行员安全降落的座椅型救生装置。

第一次世界大战中，各国开始为作战飞机的飞行员配备降落伞。随着飞机速度增大，飞行员爬出座舱跳伞日益困难。第二次世界大战时，战斗机的时速已提高到600公里以上，飞行员跳伞要冒着被强风吹倒或被刮撞到飞机尾翼上的危险。

1938年德国曾试验过橡筋动力的弹射座椅，但未达到实用要求。后来又研制了以压缩空气为动力的弹射座椅，尽管装备到了德国的军用飞机，但性能还不够理想。于是他们又研制以火药为动力的弹射座椅。

同所有座椅类似，弹射座椅的基本结构包括椅盆、靠背和头靠。其他部分都是围绕这三个主要部件来制作

◆飞行员弹射出飞机

的。弹射座椅的主要设备：飞机弹射器、火箭发动机、固定装置、降落伞。在弹射时，飞机弹射器点火，使座椅高过导轨，接着火箭发动机点火，将座椅推向高空，之后降落伞打开，让飞行员安全着陆。

◆HTY-7型弹射座椅

拓展思考

1. 飞行员的个体防护系统由哪几部分组成？各部分的功能是什么？
2. 弹射座椅是用来做什么的？其原理是什么？
3. 现在民航客机上的安全措施有哪些？

济济一堂

——飞机家族及名机荟萃

飞机自从产生以来人类就赋予了它不同的功能，有的用于民航客运，有的用于货运，有的用于军事战斗，有的用于科学研究等等，这些不同用途、不同外形的飞机组成了一个飞机大家庭。

在这个家庭中存在一些佼佼者，它们的名字为人们所永记，它们的事迹将被人们永传。下面就让我们来认识这个家庭及家庭中的佼佼者们。

旋转产生力——螺旋桨飞机

我们平时经常看到有的飞机上装有旋转的螺旋桨，通常把这种飞机称为螺旋桨飞机，即通过螺旋桨的旋转产生一个向前的推力或拉力使飞机前进。从第一架飞机诞生直到第二次世界大战结束，几乎所有的飞机都是螺旋桨飞机。在现代飞机中除超音速飞机和高亚音速干线客机外，螺旋桨飞机仍占有重要地位。

◆涡轮螺旋桨飞机

螺旋桨飞机

螺旋桨飞机是指用空气螺旋桨将发动机的功率转化为推进力的飞机。原理为飞机螺旋桨在发动机驱动下高速旋转，从而产生拉力，牵拉飞机向前飞行。

按发动机类型不同分为活塞式螺旋桨飞机和涡轮螺旋桨飞机。第二次世界大战以前的飞机，基本上是使用活塞式发动机作动力装置驱动螺旋桨。

◆英国飓风活塞式战机

近代在涡轮喷气发动机的基础上研制出了涡轮螺旋桨发动机和涡轮桨扇发动机。用这两种发动机驱动螺旋桨，使螺旋桨的工作效率大大提高，同时也提高了飞机的性能。

涡轮螺旋桨飞机

◆涡轮螺旋桨飞机

◆西班牙的 C－295 多用途军用中型涡轮螺旋桨运输机

装有涡轮式发动机的螺旋桨飞机被称为涡轮螺旋桨飞机。

1930 年英国人惠特尔发明了第一台涡轮喷气发动机，靠喷管高速喷出的燃气产生反作用推力。涡轮喷气发动机很快便以其强大的动力、优异的高速性能取代了老式活塞式发动机，成为战斗机的首选动力装置，并开始在飞机中得到应用。

随着航空燃气涡轮技术的进步，人们在涡轮喷气发动机的基础上，又发展了多种发动机，如根据能量输出形式的不同，有涡轮螺旋桨发动机、涡轮风扇发动机、涡轮轴发动机和螺桨风扇发动机等。

小知识——涡浆飞机与同类飞机的主要区别

目前，世界上各种飞机主要选用涡轮螺旋桨式（涡浆）、涡轮喷气式（涡喷）及涡轮风扇式（涡扇）发动机作为其动力装置，这三类发动机工作原理及技术平台大致相同，都是靠燃气推动涡

◆"新舟" 60 型飞机

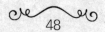

轮叶片使空气加压燃烧的，其主要区别在于发动机的能量输出形式不同，推力产生的方式不同。

◆空客 A380 型飞机

主要靠涡轮带动发动机外部桨叶搅动空气的叫涡轮螺旋桨式，普遍应用于支线飞机及通用飞机领域，如庞巴迪、新舟系列等；完全靠燃气喷出反作用力推动的叫涡轮喷气式，如现代战斗机及部分大型客机，以及苏联的飞机；半靠喷气半靠涡轮带动发动机内部扇叶搅动空气的叫涡轮风扇式，如现在普遍使用的欧美大型客机（波音、空客等）。

 广角镜——涡桨飞机的优势

民用客机主要选用涡轮螺旋桨式与涡轮风扇式两类发动机。与涡扇飞机相比，涡桨飞机主要具有经济性好、乘坐安全、舒适及更为环保等优点。

◆空中国王 350 涡桨飞机

更为经济。主要体现在制造成本、使用成本和运营维护成本三方面。涡桨发动机通常比涡喷发动机构造简单，易于制造与维护；使用方面，在 500～600 公里航线上，涡桨飞机每座运营成本较涡喷飞机低 35%；而在 500 公里以内的航线上，涡桨飞机每座运营成本较涡喷飞机低 40% 以上。随着近年燃油价格的持续走高，涡桨飞机燃油成本优势明显，已经受到越来越多支线航空运营商的青睐。

更为安全。首先，涡桨飞机与涡扇飞机同处当代先进飞机行列，其设计与研制技术平台相同，制造工艺与材料选用相同，适航标准完全一致；其次，涡桨飞机速度较涡扇飞机低，机翼面积较大，起降性能好；由于涡扇飞机追求高速化，一般机翼面积较小，导致起飞速度高。一般来说，涡桨飞机除可以在标准的水泥跑道起降外，还能在土跑道、砂石跑道、草地机场及有雪覆盖的跑道上起降，更为安全可靠。

更为舒适。由于涡桨飞机巡航高度相对较低，机舱所承受的内外压力差也较低，更接近于地面状态，乘客很少会产生耳鸣、头晕等难受之感，所以说涡桨飞机乘坐更为舒适。

更为环保。由于涡桨飞机耗油率低，在起飞、着陆及正常飞行中所产生的二氧化碳、一氧化碳及二氧化硫等排放物比同样座级的涡扇飞机少，更为环保。

由于涡桨飞机具有诸多优势，在现代支线航空和大部分通用航空运输领域占有重要地位。

拓展思考

1. 螺旋桨飞机按照发动机的类型可以分为哪几种？早期的螺旋桨飞机属于其中的哪种？

2. 涡轮螺旋桨飞机与其他类型的飞机相比具有哪些优势？

3. 现在中国生产的凤翔支线飞机属于哪一种？

反冲的作用
——喷气式飞机

◆喷气式飞机起飞

爆竹点燃后会腾空而起，是因为火药燃烧使气体膨胀并向下快速喷出，根据牛顿第三定律得知向下喷出的气体对爆竹有向上的推力，所以爆竹上升到高空。现代的战斗机利用了类似的原理，从进气口吸入大量的气体使其加热后高速从尾部喷出，而使飞机前进，这类飞机我们称为喷气式飞机。

喷气式飞机

当气球的出气口向左喷出时，气球就向右运动。气球喷出的气的方向总是与它前进的方向相反。这种现象叫反冲现象。航空喷气发动机来自十分古老的涡轮技术，其发展历程可以追溯到远古。古代中国的水排、"走马灯"和古代罗马的水轮机等，都包含着它的原理。

◆我国制造的歼－5飞机

这种原理在我国古代就曾为人们所利用。宋朝发明的带火药的火箭，就是运用这种原理。火箭上有个纸筒，里面装满火药。火药燃烧的时候，产生一股强烈的气流从尾部喷射出去，利用喷射气流的反冲作用，火箭就能飞

◆喷气式飞机飞行表演

快地前进。

以喷气发动机作动力装置，利用发动机喷射的高速气流直接产生的反冲作用驱动的飞机为喷气式飞机。

现代高速飞机多数使用喷气式发动机，原理是将空气吸入，与燃油混合，点火，爆炸膨胀后的空气向后喷出，其反冲作用驱动飞机向前。飞机发动机前面装有空气压缩机，发动机启动后，压缩机旋转吸入外界的空气，外界的空气进入导向器以后，压缩机把气体一级一级向后压，气体的浓度越来越浓，压力也就越来越大。然后，高压气体进入燃烧室，在燃烧室里，喷油燃烧，因气体中含有氧气，气体燃烧膨胀，向后喷出，燃烧室后面是涡轮，气体通过发动机后部的涡轮一级一级压缩，压力得到进一步提高，最后，通过尾部喷口喷出。

知识窗

喷气式飞机烧的不是汽油

许多人都有一种错觉，认为飞机全都烧汽油。其实并不是这样，现代喷气式飞机就是选择煤油作燃料的。因为飞机在高空飞行时，空气相当稀薄，大气压力也小，汽油容易挥发，造成油路堵塞，而煤油不易挥发。

广角镜——喷气式飞机发展历史

20世纪20年代末，英国人弗兰克·惠特尔提出了喷气发动机的设想，并于1930年申请了专利，但当时飞机制造商们对惠特尔的设想不感兴趣。直到1935年，惠特尔得到一些空军人士的支持和银行家的资助，得以成立"动力喷气有限公司"。1935年6月,惠特尔开始设计制造真正的喷气发动机。

几乎与惠特尔同时,德国的冯·奥亨也在研制涡轮喷气发动机,并在1937年9月使发动机第一次运转成功。由于得到亨克尔飞机公司的支持,装有冯·奥亨研制的Hes3B涡轮喷气发动机的He178飞机于1939年8月27日首次试飞成功,成为世界上第一架喷气式飞机。

◆早期国产喷气式飞机

 小知识——活塞式飞机为何被喷气式飞机所取代

在喷气式飞机诞生之前,飞机的飞行速度都比较慢。在第一次世界大战期间,有的1小时只能飞几十公里,最快的也只有200公里。第二次世界大战期间,经过改进,速度快了一些。

为什么那时的飞机速度那么慢呢?原因很多,但最主要的还是因为当时飞机采用的是活塞式发动机。这种活塞式发动机,和现在汽车上用的发动机基本上一样,只不过是轻巧一些,马力大一些。

最初,为了使飞机飞得快一些,人们千方百计地想办法提高发动机的功率。但是,当航空活塞式发动机的功率大到足以使发动机速度每小时达到750公里/小时,要

◆活塞式飞机

◆德国Me-262型喷气式战斗机

想把飞机速度再提高一些就很困难了。主要原因是,螺旋桨本身需要高速旋转。

◆喷气式飞机飞行表演

当飞机速度快到一定程度，螺旋桨相对于空气的运动速度便接近音速，于是，在螺旋桨上产生了一种空气波。这种空气波称为"激波"。这种激波引起的阻力很大，使螺旋桨的效率立即急剧下降，不管发动机的马力多大，飞机仍然飞不快。因此，要使飞机飞得快，达到超音速，活塞式发动机是无能为力的。

喷气式飞机是以喷气发动机作为动力装置的飞机。喷气发动机工作时，从机身前面或侧面的进气口进入发动机的空气和机载的煤油迅速燃烧，产生大量高温高压气体通过喷管和机后的喷口高速喷出，产生反冲作用，驱动飞机前进。采用喷气发动机并采用后掠式机翼后，飞机的速度超过了音速，从而解决了飞机高速飞行的一大难题。现在除少数活塞式飞机仍在使用外，喷气式飞机基本上取代了活塞式飞机。

拓展思考

1. 你见过生活中的反冲现象吗？请举几个例子。

2. 喷气式飞机有怎样的特点？与活塞式飞机相比，在哪些方面具有无可比拟的优点？

3. 见过喷气式飞机的飞行表演吗？请用语言描述一下。

细心观察——不同翼形的飞机

　　飞机机翼是产生升力的来源，在飞机飞行的过程中起着很重要的作用。但细心观察就可以看到有不同形状的机翼，这些不同形状的机翼又有什么不同作用呢？

后掠翼飞机

　　后掠翼飞机即机翼前、后缘向后伸展的飞机。

　　后掠角的大小表示机翼后掠的程度。通常所指后掠翼飞机的机翼后掠角多在25°以上。当飞机飞行速度接近声速时，机翼上表面局部气流速度将超过声速，这将出现激波，引起激波后面的气流分离，使飞机阻力急剧增加。对于后掠机翼，垂直机翼前缘的气流速度分量低于飞行速度 V，从而可以在 V 已达到或超过声速时，气流速度分量还未达到声速。后掠翼还能减弱激波强度，降低波阻。现代高亚声速旅客机大多是后掠翼飞机。

◆后掠翼飞机

　　后掠翼飞机的设想是

20世纪30年代末开始提出的，主要是为了克服因接近音速飞行而急剧增大的空气阻力，突破"音障"，随后，出现大量的军用后掠翼飞机，如美国的F－100战斗机、B－52战略轰炸机；苏联的米格－19歼击机、图－16远程轰炸机；中国的歼－5型歼击机。

20世纪60～70年代，军用后掠翼飞机发展很快。为了满足不同高度、速度飞行和起飞着陆对机翼后掠角的不同要求，又生产出变后掠翼飞机，如美国的F－111战斗轰炸机、苏联的米格－23歼击机。有些变后掠翼飞机机翼的后掠角是用电子计算机自动控制的，如美国的F－14舰载多用途战斗机。这些飞机飞行的最大马赫数多在2.0以上。

前掠翼飞机

◆第二次世界大战时期的容克Junkers Ju－287轰炸机

◆美国前掠翼飞行验证机 X － 29

一般我们看到的飞机，翼尖的位置都比翼根要靠后，也就是说机翼是向后扫的。这种构型称为"后掠翼"，因为其减少阻力的特性，成为今日非超音速喷射机的通用构型。相较之下，前掠翼不仅能保留后掠翼减少阻力的特性，而且还能增加飞机的灵活度，但为什么现代的战机没有使用前掠翼设计的呢？

理由有两点：首先，前掠翼飞机越靠近翼尖升力越大，因此翼尖会受到极大的扭力将翼尖抬起。在早期的尝试中（如上图的第二次世界大战时期的容克 JunkersJu－287轰炸机），前掠的角度并不大，而且轰炸机的机翼本来就是又厚又结实，所以能顶得住翼尖所受到的额外压力。其次是因为前掠翼飞机在空气动力上是非常不稳定的，流过机翼的气流方向是由翼尖流向机身，而不是像后掠翼那样由翼根流向翼尖。前掠翼没有后掠翼那种自动的横向稳定效果。

◆俄罗斯的前掠翼战机

　　一直到 20 世纪 70 年代以后，复合材料和线传飞控的出现，才让前掠翼战机成为可能。美国在这方面率先试足，于 1984 年试飞了格鲁曼公司生产的 X－29，在 1984 年到 1991 年间进行了大量的测试，证明了前掠翼的设计确实能产生一架性能极为优异的飞机，然而当时空战的主流已经从缠斗转变为中程空对空飞弹对射，因此优异性能的重要性比不上匿踪、载弹量等特性，X－29 计划最终没能产生一架前掠翼战机。

　　美国不玩了，不代表苏联没兴趣。俄罗斯的苏霍伊公司的 Su－47 是在 1997 年推出的先进前掠翼试验机，而且是认真的有意投入生产的机型。

点型——斜翼机

　　觉得前掠翼机够厉害了吗？还有一种叫"斜翼机"的机型更诡异！右图的梅塞施密特 MeP1109 是最早期的例子之一，它的上下两片机翼都可以和机身垂直，"旋转"成右图这样剪刀形的配置，以减少飞行时的阻力。这种旋转机翼来

◆梅塞施密特 Me P1109 斜翼机

减低阻力的方式不光只是战时的梦想而已。NASA 就在 1979 年到 1982 年间试飞了一架 AD—1，是可以将机翼水平旋转到 60°的设计。作为实验飞机，AD—1 的目的是了解这种特殊机翼构型的空气动力特性，以及未来可能的应用，因此在 79 次试飞取得信息后，AD—1 就功成身退了。

◆AD—1 斜翼机

小知识——固定翼直升机

◆西科斯基飞机公司的 S—72 X—wing 固定翼直升机

不知道该怎么叫这种飞机。简单来说，它起飞的时候是架直升机，但起飞后可以把旋翼锁住变成"机翼"，并且以喷射动力飞行。左图是西科斯基飞机公司的 S—72X—Wing 飞机，它的旋翼不像传统的直升机那样是由机械传动轴驱动的，而是将一部分的喷射气流导引到旋翼尖喷出，带动旋翼旋转。

广角镜——偏转翼飞机

　　所谓偏转翼飞机，就是集固定翼飞机和直升机的特点为一体的一种飞行器。它既具有固定翼飞机速度快和航程远的特点，又能像直升机一样垂直起降和悬停。它的原理是通过机翼偏转来调节飞机飞行状态：当螺旋桨轴水平时，就给飞机一个向前的推力；当桨轴竖直时，则给飞机一个向上的升力。V—22"鱼鹰"

飞机是由美国贝尔直升机公司和波音直升机公司共同研制的，它是按照美国空、

◆V—22"鱼鹰"偏转翼飞机向前飞行

海、陆军及海军陆战队4个军种的作战使用要求而设计的。1973年，贝尔直升机公司就开始了这种倾转旋翼飞机的研究，XV—15倾转旋翼研究机便是V—22"鱼鹰"飞机的雏形。1983年美国国防部批准了贝尔直升机公司和波音直升机公司的设计方案。

V—22的用途广泛，据称可满足32种任务的需求，并能赋予战场指挥官更多的选择和更大的灵活性。V—22出动时所需的支持较少，且不需要机场和跑道，加之维修简单。生存力强，因而特别适于进行特种作战和反毒行动。

◆V—22"鱼鹰"偏转翼飞机起飞

V—22在商业上也具有极高的潜在价值。它能解决相当一部分空港和跑道拥挤问题。精明的日本人早就提出了这一点。据该计划的承包商——波音公司和贝尔公司联合研制小组负责人透露，日本正着手准备从美国购买该项技术，研制成功后再向英国和其他国家出口。

◆波音公司X—50无人飞机

出于这一考虑，美国工业界才与军方结成了牢固的同盟，投入大量人力、物力，坚持V—22的研制计划。

美国国会也一直是该计划强有力的支持者。波音公司后来又把这个概念拿出来用在 X—50 无人飞机上。

拓展思考

1. 飞机按机翼形状的不同可以分成哪几种？请说出具体的名称。
2. 前掠翼飞机具有怎样的特点？现在为何不多见？
3. 偏转翼飞机具有怎样的特点？

贴地飞行——地效飞机

地效飞行器将飞机空中飞行的高速性和海上舰船的高承载性的优点完美地结合到一起，在水天之间占据了超低空和掠海面的飞行。与相同排水量的船艇相比，由于它在巡航飞行阶段不与水面直接接触，从而大大减少了航行阻力，提高了巡航速度；与常规的飞行器相比，它的载运重量又远远高于同级的飞机。

地效飞机

早在航空业发展初期，飞行员们就发现飞机在着陆过程中，当飞行高度与飞机翼弦长度相近时，会出现一种附加升力，使飞机突然感到飘飘然，不太容易完成着陆，这就是所谓的地面效应作用。地效飞机是借助于地面效应原理，贴近水面或地面实现高速航行的运载工具。

最初，人们在发现这种现象时，并不明白这种附加升力的特性，也没有去专门研究如何应用这种附加升力，只是简单地给它起了一个"空气垫"的名字。

后来，人们在不断的认识过程中，研制出了一种利用地面效应提供的支承力而飞行的

◆美军 UH-19XRW 地效飞行器

飞行器，与气垫船不同的是，它必须有前进速度才能产生地效作用，所以也称作动力气垫地效翼船。地效飞行器曾被称作"两不像"：如果说它是飞机，它却不需要机场起降，而且能像船一样在水上航行；如果说它是船，它却又能像飞机一样飞行。

◆我国地效飞行器 DX100

小书屋

　　从 1897 年法国人最早进行地面效应飞行试验至今，人们对地效飞行器的理论研究和实践试验已有了上百年的历史。不过因种种因素的制约，很多国家在该领域所取得的成就远不如在水上和空中运载工具方面那么明显，目前在这方面独领风骚的是俄罗斯。俄罗斯的专家们经过几十年艰苦不懈的努力，已经解决了地效飞行器的空气动力学、结构强度、安全性和使用可靠性问题及其相应的结构材料、发动机和机载设备的保障问题，并成功地研制出不少最近几年才被逐渐披露的具有各种用途的地效飞行器，使世人对地效飞行器的性能特点有了更加全面的了解，同时也引起许多经济发达国家的广泛兴趣。

广角镜——苏联的翼地效应飞机

翼地效应飞机也称作地效飞行器，是一种利用翼地效应飞行的飞机。这种飞机需要全时间利用翼地效应来运作，且只能够在离地1~6米的高度飞行，不能任意改变高度。在20世纪80年代，苏联实验了喷射推进的Ekranoplan，就是这样的飞机，极限飞行重量可以达

◆翼地效应飞机

1000吨，还在冷战时期的隐秘情况下测试，被美国称为里海怪兽。大部分翼地效应机都被设计为在水面上运作，因为水面比地面平滑和少障碍物，不单危险度较少，而且在不运作的时候，还可以利用水面浮力来承受机体重量。在起飞时亦较为简单。物理学家StanleyHooKer提出了非常巨型（全重2000吨）的概念翼地效应机。此机可以搭载1000多名乘客高速往返目的地而价钱又便宜。

小知识——地效飞行器的独特性能

地效飞行器到底具有哪些独特性能呢？

高承载性与高速性。地效飞行器的载运量可达自重的50%，而著名的波音747飞机载运量仅为其自重的20%。

◆俄罗斯小鹰级地效飞机

高运输经济性。与飞机相比，客运地效飞行器单位公里耗油量基本上与现代先进飞机相当，但它却不像飞机那样必须通过投资巨大的机场跑道起降，而且比900公里/小时速度的飞机的运输费要少一半以上。

两栖性地效飞行器不仅可在水面、冰面、雪地上低空掠行，且具有一定的爬坡、登岸能力，它不受航道环境和码头条件限制，可以快速将人员和货物运往滩头。

良好的隐蔽性和突防能力。地效飞行器通常都是贴水面或地面高速掠行，所以一般都处在敌雷达盲区内，很难被发现。即使被发现，它也能规避敌舰载或陆基防空武器的拦截，突防能力很强。

较强的作战能力。地效飞行器比现有的导弹快艇速度更快、机动性更好，可利用其高速性和突防能力对敌舰进行有效的攻击，而敌人的水雷、鱼雷不会对其构成威胁。

多用途性。在军事领域，地效飞行器除可用于攻击敌舰艇及实施登陆作战外，也可用于执行运送武器装备、快速布雷、扫雷等任务，还可为海军部队提供紧急医疗救护。在民用领域，地效飞行器不仅可用于客、货运输，还可用于资源勘探、搜索救援、旅游观光、远洋渔船和钻井平台换员运输、通信保障与邮递等。

知识库——地效飞行器的技术障碍

◆波音公司的"鹈鹕"地效飞行器

尽管地效飞行器使用前景广阔，但至今发展尚有不少技术障碍。

首先是地效飞行器设计理论还不成熟。与常规飞机设计不同，这种飞行器由于在飞行中，不仅受地面效应影响，还会受到海情、浪高等许多随机因素的影响，对飞行器操稳特性的控制和操纵面的设计带来很大的难度，因此这种飞行器的设计大量依靠风洞试验和水面实际试航，不仅费时费钱，还很难得到一般规律。此外，这种飞行器要经常从水面进入大气，又要从大气进入水面，这两种介质的交替使用会给机体造成特别大的冲击载荷，就像我们在跳水时不小心可能受"水拍"一样，并使飞行器的气动力受到强烈扰动，造成翻转、强烈颠簸，严重的会破坏机体结构，折断机翼、机身等。

地效飞行器的发动机设计也必须给予特别的考虑，因为它使用的介质既不是纯空气，也不是纯水流，而是含有大量水气的空气，在贴海飞行时会吸入浪花，在贴地飞行时会吸入地面碎石和杂物。

正是存在以上许多未知或不定的对安全性和舒适性有很

◆想像中的地效航母

大威胁的因素，给地效飞行器的设计带来了很大的挑战，但可以深信，随着现代科学技术的飞速发展，以上问题必将一一得到解决。

拓展思考

1. 地效飞行器应用的原理是什么？
2. 地效飞机与普通的飞机相比有什么优点？
3. 目前发展地效飞行器的技术瓶颈是什么？

冲出大气层——航天飞机

航天飞机是美国研制的可重复使用的、往返于太空和地面之间的航天器。它既能代表运载火箭把人造卫星等航天器送入太空，也能像载人飞船那样在轨道上运行，还能像飞机那样在大气层中滑翔着陆。航天飞机为人类自由进出太空提供了很好的工具，它大大降低了航天活动的费用，是航天史上的一个重要里程碑。

◆航天飞机待发

航天飞机的组成

航天飞机是一种垂直起飞、水平降落的载人航天器，可以往返于地球表面和近地轨道之间。它由轨道器、固体燃料助推火箭和外燃料箱三大部分组成。

轨道器即航天飞机本身，它是整个系统的核心部分。轨道器是整个系统中唯一可以载人的、真正在太空轨道上飞行的部件，它很像一架大型的三角翼飞机。轨道器由前、中、尾三段机身组成。前段结构可分为头锥和乘员舱两部分，头锥处于航天飞机的最前端，具有良好的气动外形和防热系统，前段的核心部分是处于正常气压下的乘员舱。航天飞机的中段主要是有效载荷舱，可携带质

◆航天飞机结构

量达 29 吨多的有效载荷，舱内可以装载各种卫星、空间实验室、大型天文望远镜和各种深空探测器等。航天飞机的后段比较复杂，主要装有三台主发动机，尾段还装有两台轨道机动发动机和反作用控制系统。

◆航天飞机打开轨道器中部释放卫星

　　一对固体火箭助推器中装有助推燃料，平行安装在外部燃料箱的两侧，为航天飞机垂直起飞和飞出大气层进入轨道，提供额外推力。在发射后的头两分钟内，与航天飞机的主发动机一同工作，到达一定高度后，与航天飞机分离，前锥段里降落伞系统启动，使其降落在大西洋上，可回收重复使用。

　　外部燃料箱外表为铁锈颜色，主要由前部液氧箱、后部液氢箱以及连接前后两箱的箱间段组成。外部燃料箱负责为航天飞机的 3 台主发动机提供燃料。外部燃料箱是航天飞机三大模块中唯一不能重复使用的部分，发射后约 8.5 分钟，燃料耗尽，外部燃料箱便与航天飞机分离并坠入大洋中。

点击——美国航天飞机计划

◆航天飞机点火升空

　　1969 年 4 月，美国宇航局提出建造一种可重复使用的航天运载工具的计划。1972 年 1 月，美国正式把研制航天飞机空间运输系统列入计划，确定了航天飞机的设计方案，即由可回收重复使用的固体火箭助推器，不回收的两个外挂燃料贮箱和可多次使用的轨道器三个部分组成。经过 5 年时间，1977 年 2 月研制出一架创业号航天飞机轨道器，由波音 747 飞机驮着进行了机载试验。1977 年 6 月 18 日，首次载人并用飞机背上天空试飞，参加试飞的是宇航员海斯（C. F. Haise）和富勒顿（G. Fullerton）两人。同年 8 月 12 日，载人在航天飞机上飞行试验圆满完成。

又经过 4 年，第一架载人航天飞机终于出现在太空舞台，这是航天技术发展史上的又一个里程碑。

 链接——航天飞机的事故

1986 年 1 月 28 日，美国"挑战者"号航天飞机在第 10 次发射升空后，因助推火箭发生事故凌空爆炸，舱内 7 名宇航员（包括一名女教师）全部遇难。造成直接经济损失 12 亿美元，航天飞机停飞近 3 年，成为人类航

◆ "哥伦比亚"号航天飞机遇难的飞行员

◆ "挑战者"号航天飞机上遇难的飞行员

◆ 失事的"哥伦比亚"号航天飞机空中解体燃烧

天史上最严重的一次载人航天事故，使全世界对征服太空的艰巨性有了一个明确的认识。

美国当地时间 2003 年 2 月 1 日，载有 7 名宇航员的美国哥伦比亚号航天飞机在结束了为期 16 天的太空任务之后，返回地球，但在着陆前发生意外，航天飞机解体坠毁。"哥伦比亚"号解体后，可能带有有毒物质的碎片散布在德克萨斯州东部约 190 公里长的狭长地带。一条 160 公里长的烟雾和金属微粒带还悬在该州和路易斯安那州广漠土地的上空。坠落的碎片也击穿德克萨斯州多间房屋屋顶，并且引起居民区火灾，至少 27 人受伤。

广角镜——苏联的暴风雪号航天飞机

"暴风雪"号航天飞机大小与普通大型客机相差无几，外形与美国航天飞机极其相仿，机翼呈三角形。1988 年 11 月 16 日莫斯科时间清晨 6 时整，苏联的暴风雪号航天飞机从拜科努尔航天中心首次发射升空，47 分钟后进入距地面 250 公里的圆形轨道。它绕地球飞行两圈，在太空遨游 3 小时后，按预定计划于 9 时 25 分安全返航，准确降落在离发射地点 12 公里外的混凝土跑道上，完成了一次无人驾驶的试验飞行。

"暴风雪"号首航成功，标志着苏联航天活动跨入一个新的阶段，为建立更加完善的天地往返运输系统铺平了道路。原计划一年后进行载人飞行，但由于机上系统的安全可靠性尚未得到充分保证，加之其后政治和经济等方面的原因，载人飞行的时间便推迟了。

◆ "暴风雪"号航天飞机

广角镜——美国"奋进"号航天飞机骑波音货机回

◆美国"奋进"号航天飞机骑波音 B747 货机回家

2008 年 12 月 10 日，美国"奋进"号航天飞机"骑"在一架波音 747 大型货机背上从加利福尼亚启程，前往佛罗里达的肯尼迪航天中心的"老家"。由于天气不好，"奋进"号在结束了它的太空之旅后，只能备降在加州的爱德华兹空军基地。

拓展思考

1. 航天飞机由哪几部分组成？各部分的功能是什么？
2. 美国一共生产过几架航天飞机？其名称各是什么？
3. 请谈谈航天飞机在科研上的用途？
4. 美国发生的航天飞机失事事故有哪些？

卫国利剑——军用战斗机

自从飞机发明的那一天开始，就注定要将自己与军事联结在一起。现在空军是一个国家实力的象征，每个国家都在不遗余力地大力发展自己的军用战斗机。现代化的战争首先就是空军的较量。

军用战斗机

战斗机是指主要用于保护我方用空权以及摧毁敌人用空权之能力的军用机种，主要指歼击机、强击机。歼击机的主要任务是快速升空之后争取高度，在敌人的轰炸机进入我方空域之前将对方摧毁。强击机主要用于从低空、超低空突击敌战术和浅近战

◆俄制米格歼击机

役纵深内的小型目标，直接支援地面部队（水面舰艇部队）作战的飞机，又称攻击机。莱特兄弟发明了飞机后很长一段时间都没有用于具体的空战，而是只用它来执行侦察任务，有时双方的侦察员还会友好地招招手，直到后来，一个侦察员用手枪向对方飞机开了一枪，这才有了空中战斗的起源。1915年，法国将莫拉纳—索尔尼埃L型飞机，装上一挺机枪和一种叫作偏转片的装置，使它真正具有了空战能力，此时世界上第一架真正意义上的战斗机正式宣告诞生。

战斗机的分代

◆战机效果图

从喷气式战斗机开始服役至今有半个世纪了，人们根据战斗机性能的变化，将喷气式战斗机进行了分代，飞机的分代已经有了普遍的共识，其原则主要有：

1. 各国战斗机的分代标准应是统一的，应以技术最先进的国家的典型战斗机为代表，作为统一分代的标准。

2. 各国飞机的主要战术技术性能要有"台阶"性的差别和提高。也就是说，"换代飞机"的技战术性能与上一代飞机相比必须有"质"的飞跃。

3. "换代飞机"必须是一个时期的主力机种，具备了相当的作战能力和经历了一定的实战使用与考验。

 第一代战斗机

美国和苏联于20世纪40年代末、50年代初开始投入使用的喷气式战斗机，都是第一代喷气式战斗机，包括F－80、F－86、F－100、米格－15、米格－19。

第一代战斗机已经可以实现超音速飞行，其最大飞行速度可以达到马赫数1.3。第一代战斗机普遍采用后掠机翼，装有带加力燃烧室的涡轮喷气发动机。飞机的电子设备还非常简陋，主要是通信电台、高度表和无线电罗

◆美国F－86飞机

盘以及简单的敌我识别装置。武器装置以大口径航炮为主，后期型可以挂装第一代空空导弹。飞机的火控系统为简单的光学一机电式瞄准具，后期安装了第一代雷达。

第一代战斗机主要的空战方式是近距格斗，尾随攻击。第一代战斗机参加了朝鲜战争，美苏两国第一代战斗机进行了直接较量。

◆米格－15战斗机

由于飞机在高空的盘旋性能较差，所以这一时期飞机在垂直方向上的机动性能显得更为重要。F－86和米格－15由于各自的性能特点不同，采用的空战战术也不同，米格－15在战斗中力争"飞得高些，靠垂直机动"，而F－86在战斗中则尽量"飞得低些，靠水平机动"。

两种第一代战斗机的典型代表在朝鲜战场上的碰撞不仅使各自名声鹊起，在人们心中留下不灭的印象，而且促使军事专家对空战战术和技术进行了反思，从而造成了第二代战斗机的诞生。

第二代战斗机

朝鲜战争结束后，美国军方的专家对战争中的空战战例进行了总结，对空战理论和战斗机的发展方向进行了研讨，得到了这样一些观点和看法：

1. 由于在朝鲜战争中吃尽了米格－15的苦头，所以他们认为飞机的最大速度是决定空中优势的主要因素，为了使飞机具有高速性能，可以牺牲其爬升性能和盘旋性能。

2. 对前线战场及敌方机动目标实施战术轰炸，是空军在战争

◆F－104战斗机

中的重要职能，而轰炸机恶劣的机动性又使它成为敌方最容易对付的目标。因此专家们主张研制多用途飞机，使飞机兼有空战和对地攻击能力，实质上是倾向于研制战斗轰炸机。

3. 主张放弃编队空战，截击机的战术是利用速度优势追击目标。截击机实施攻击时，其飞行动作"平直化"，即不需要进行高过载机动，并力求一次攻击结束战斗。

4. 自从空空导弹的服役并取得战绩之后，有人就认为航炮在空战中已无法发挥作用，因此航炮的作用被极大地贬低和忽视，以至在研制战斗机时甚至提出不装航炮。

5. 认识到了航空电子设备在提高武器装备效能中的地位，加大了在航空电子设备上的投入。

飞机设计师们就是按照上述这些作战思想和想法研制了第二代战斗机。这一代战斗机的最大平飞速度达到了2倍音速。采用大推力涡轮喷气发动机，开始装备独立的航空电子设备系统，如单脉冲雷达、导航计算机、惯性导航系统等等。第二代战斗机具有全天候作战能力，装备了中距空空导弹，而且兼顾对地攻击，对地攻击能力较强。第二代战斗机的机载电子设备和武器系统的性能有了较大改进，飞机的重型化倾向明显。

第二代战斗机的主要代表机型有苏联的米格—21和米格—23以及美国的F—104和F—4，它们各自形成了"轻—重"搭配的系列战斗机格局。

第三代战斗机

第二代喷气式战斗机在服役之后参加了越南战争和其他一些局部战争，结果表明这些战斗机并不如设计时所设想的那样有战斗力，因为它们最为突出的高空高速性能并不是决定空战胜负的最重要的因素。

第二代战斗机受到要导弹不要航炮思想的影响，有的飞机甚至在设计时没有安装航炮，然而航炮在空战中也发挥了重要的作用。航炮虽没有空空导弹那样的射程，但它

◆F—16战斗机

的备弹量多，可实施攻击的次数多。无论在越南战争，还是中东战争，航炮在空战中都发挥了相当大的作用。因而许多第二代战斗机后来又都加装了航炮。在局部战争中，战斗机的绝大多数空战还是编队空战，飞行员的素质对战斗的胜负仍起着决定性的作用。

美、苏等国在越南战争之后开始研制第三代喷气战斗机。它的重点是强调格斗空战能力和全天候作战能力；十分重视飞机在亚跨音速范围内的机动性；机载电子设备和武器系统的性能水平有了突破性进展。

从实战结果来看，第三代战斗机的研制是比较成功的。其主要原因是由于设计师们正确总结了 20 世纪 60 年代以来几次局部战争的经验教训；其次是由于60 年代末和 70 年代初，在动力装置、电子技术、机载武器、材料等方面发展迅速，也为战斗机的发展创造了良好的条件。F—15、F—16 和 F—18 就是美国第三代战斗机的杰出代表，而 Su—27 和米格—29 则是俄罗斯第三代战斗机的代表。

第四代战斗机

第三代战斗机是 20 世纪 70 年代开始服役的，一直到现在仍然在服役。第三代战斗机的各方面性能都较上一代有极大提高，并且已经开始运用电传操纵等先进技术，战斗机不仅用于空战，同时也开始兼顾对地攻击。

目前，战斗机的发展已经开始进入了第四代。由于战斗机的研制费用越来越高，已经没有哪个国家有足够的财力能够再像以前那样分开研制用于空战的歼击机和用于对地攻击的攻击机，而是将两者合而为一，将战斗机设计成一机多能或者一机多型，这就是第四代先进战斗机的设计思想。

第四代战斗机是目前正在研制的最先进的战斗机，它的技术战术指标是根据现代高技术局部战争的实战经验提出的。综合起来对第四代战斗机往往要求具有下列战术技术性能：①发动机在不

◆F—22 战斗机

开加力时具有超音速巡航的能力；②良好的隐身性能；③高敏捷性和机动性特别是过失速机动能力；④短距起落性能；⑤目视格斗、超视距攻击和对地攻击的能力；⑥高可靠性和可维护性。

第四代先进战斗机的代表机型有美国的F—22"战隼"，俄罗斯的S—37和米格L44等。目前美国的F—22已经进入服役阶段。

广角镜——美国军用飞机的命名

◆RAH—66"科曼奇"直升机

美国军用飞机的命名基本上是由英文字母加数字组成，常见的为机种代号加上序列号，如F—14，F—15等。然而，有许多飞机的名称却有两个以上的字母，如AV—8B，TR—1A等，这些又表示什么意思呢？

1962年，美国国防部规定了军用飞机的统一命名方法，即命名使用代号和名称，代号则包括机种代号、序列代号、改型代号、任务变更代号和状态代号。

下面我们来看一个使用两个任务变更代号的例子：RAH—66"科曼奇"直升机名称中，H（直升机）是直升机机种代号，R（侦察）和A（攻击）则是任务变更代号。因此，从名称上我们就可以知道，RAH—66"科曼奇"是美国用于侦察和攻击的武装直升机。

拓展思考

1. 目前人们研究的最先进战斗机是第几代？其特点是什么？
2. 战斗机分代的依据有哪些？
3. 我国目前服役的最先进战机是属于第几代？

各有所长——用途不同的战机

军用战机按用途可分为歼击机、攻击机、拦截机、轰炸机等。它们各有各的本领，各有各的用途，在战场上各显神通。

歼击机

歼击机即用于在空中消灭敌机和其他航空兵器的军用飞机，又称战斗机。第二次世界大战前曾广泛称为驱逐机。歼击机的主要任务是与敌方歼击机进行空战，夺取空中优势即制空权。其次是拦截敌方轰炸机、强击机和巡航导弹，还可携带一定

◆美国F—16歼击机

数量的对地攻击武器，执行对地攻击任务。具有火力强、速度快、机动性好等特点，是航空兵空中作战的主要机种，也可用于执行对地攻击任务。

早期的歼击机是在飞机上安装机枪来进行空中战斗的；现在多装有20毫米以上的航空机关炮，还可携带多枚雷达制导的中距拦射导弹、红外线制导的近距格斗导弹和炸弹，以及其他对地面目标攻击武器。歼击机最大飞行时速达3000公里，最大飞行高度20公里，最大航程不带副油箱2000

公里，带油箱时可达 5000 公里。机上还带有先进的电子对抗设备。

◆歼—5 战机群

 科技文件夹

　　1956 年 7 月 19 日清晨，新中国制造的第一架喷气式战斗机——歼—5 战斗机在东北某机场腾空而起，这架机身前部印有鲜红的"中 0101"字样。银白色歼击机的试飞成功，标志着中国成为当时世界上少数几个能够掌握喷气技术的国家之一。歼—5 战斗机一亮相，就在东南沿海击落台湾来犯关制战机八架，其后更为中国的国土防空作战立下了赫赫战功。

攻击机

　　攻击机又称强击机，它主要用于从低空、超低空攻击敌地面或水面上的中小型目标，对己方部队实施直接火力支援。强击机要求具有良好的低空操纵性、安全性及搜索地面目标能力。在飞机的要害部位座舱、发动机、油箱等一般有装甲保护。所谓"强击"，即是能够不畏敌人的地面炮火强行实施攻击。

◆中国强—5 强击机编队

拦截机

拦截机主要任务是快速升空之后争取高度，在敌人的轰炸机进入我方空域之前将对方摧毁。由于拦截机是针对高飞行高度的轰炸机群，在设计上特别强调对速度与爬升率的要求，运动性摆在较为次要的地位。第二次世界大战结束之后，有鉴于原子弹的

◆遭 F—14 拦截的轰炸机

摧毁威力，拦截机一度被许多国家列为与传统战斗机同等重要的机种。不过在导弹逐渐成熟并大量配备之后，拦截机的特性往往可以经由传统战斗机加上导弹来满足。因此现在趋向不再专门发展拦截机种，而是以现役的机种同时担负拦截的任务。

轰炸机

轰炸机是用于对地面、水面目标进行轰炸的飞机。具有突击力强、航程远、载弹量大等特点。

有多种分类：按执行任务范围分为战略轰炸机和战术轰炸机；按载弹量分，重型轰炸机一般为 10 吨以上，中型轰炸机一般为 5～10 吨，轻型轰炸机一般为 3～5 吨；按航程分，近程轰

◆美国 F—117 隐形轰炸机

炸机一般为 3000 公里以下，中程轰炸机一般为 3000～8000 公里，远程轰炸机一般为 8000 公里以上。

机上武器系统包括机载武器如各种炸弹、航弹、空地导弹、巡航导

弹、鱼雷、航空机关炮等。轰炸机的电子设备包括自动驾驶仪、地形跟踪雷达、领航设备、电子干扰系统和全向警戒雷达等，用以保障其远程飞行和低空突防。现代轰炸机还装有受油设备，可进行空中加油。

1. 歼击机的用途是什么？它具有怎样的特点？
2. 攻击机的用途是什么？它具有怎样的特点？
3. 轰炸机的分类方法有哪几种？

总统专机——空军一号

美国总统出行时乘的专机称为空军一号，这架蓝白相间的波音747飞机已成为美国的权力象征，也成为美国霸权地位的国际图腾。

◆空军一号

空军一号

美国的"空军一号"作为美国总统的专用座机，堪称世界上最精密、最具毁灭力的航空器。

它的电子对抗系统可以干扰敌方雷达，迷惑导弹的瞄准系统，使其无法锁定目标。"空军一号"的探测设备也十分完备，能够与天基和陆基侦测网配合，及时发现具有威胁性的空中目标，并及时通知最近的美军或盟国战机提供空中支援。

◆美国"空军一号"飞机

"空军一号"还是名副其实的"空中白宫"，奉行"总统在地上能干什么，在空中也照干"的原则，也被称为"飞行的椭圆形办公室"。机上共有4000平方米的空间。总统拥有一个"总统套房"，起居室内有一张席梦思床、真皮沙发、高级地毯、电动窗帘等；套房内还有一间浴室，淋浴设备齐全，总统可以舒舒服服地享受。

"空军一号"在不进行空中加油的情况下，其航程可达 11490 公里，在空中滞留的时间约为 12 小时；如果进行空中加油，则可在空中滞留 72 小时，足以将美国总统送往全球任何一个地方。

◆"空军一号"内娱乐

广角镜——"空军一号"扰民事件

◆布什在"空军一号"内办公

◆美国"空军一号"模型

2009 年 4 月 27 日上午，一架"空军一号"备用飞机在"F16"战斗机的护航下低空飞过了曼哈顿南端，并在新泽西州泽西城附近的高盛大厦上空盘旋飞行。

不少纽约上班族以为"九·一一"恐怖事件再现，纷纷逃出办公楼寻找庇护。多座大楼开始紧急疏散人员。事后官方宣布这只是一次摄影任务。

有报道称，这次惊扰民众的飞行只是为了给"空军一号"拍摄一些"纪念照"。白宫还曾计划下月以首都华盛顿为背景进行第二次拍摄。

随后，白宫办公室主任和白宫军事办公室的一位执行主任出来召开了新闻发布会。前者传达了奥巴马的愤怒，说总统已下令彻查此事。

波音公司

　　波音公司是世界上最大的飞机制造公司，总部以前设在西雅图市，2001 年 9 月迁至伊利诺伊州的芝加哥市。其前身是 1916 年由威廉·波音创立的太平洋航空制品公司，1934 年建立波音飞机公司，1961 年改为波音公司。波音公司不仅是全球最大的民用飞机和军用飞机制造商，也是最大的飞机出口商之一，以销售额计算，波音公司是美国最大的出口商。

◆波音生产基地

◆波音的标志

　　80 多年来，波音公司始终致力于新产品的开发和探索新技术，从民用飞机、军用飞机到航天飞机、运载火箭、全球通信卫星网络、国际空间站。波音公司的用户遍布145 个国家，业务部门分布于美国的 20 多个州和全球 60 多个国家，共有雇员约 20 万名，其主要业务基地集中在华盛顿州的西雅图、南加州、堪萨斯州的威奇托、密苏里州的圣路易斯等地。波音公司由，4

　　波音公司2008年营业额为664亿美元，是美国最大的出口公司，财富列世界500强之首。

大主要业务集团组成：波音金融公司、波音民用飞机集团、波音联接公司和波音综合国防系统集团。

　　波音公司是最主要的民用飞机制造商。随着 1997 年波音与麦道的合并，波音公司在民用飞机领域的传统优势因麦道系列飞机的加入而进一步加强，也使合并后的波音在民用航空领域拥有了 70 年的领先历史。波音公司现有的主要民机产品包括 707、717、727、737、747、757、767、777、

787 系列飞机和波音公务机。

链接——波音与中国

波音公司与中国的渊源可以追溯到 90 多年前。1916 年，波音公司聘请的第一位工程师王助来自中国，他帮助波音公司设计了 C 型双翼机。进入现代以来，波音公司与中国已成功合作 38 年。自 1972 年起，波音公司与中国各航空公司、航空工业界、民航总局及中国政府建立了持久稳定的合作关系。

◆波音 787 梦想飞机

中国在世界民航制造业中具有日益重大的责任，参与了所有波音机型的制造，包括 737、747、767、777 和最具创新意义的 787 梦想飞机。自 1993 年以来，波音公司与中国航空公司、中国民航总局和行业合作，为超过 37000 名中国航空专业人员提供高级职业培训。波音公司与三所中国大学合作进行无线通信技术的研发。

波音公司将继续增加在中国的业务、投资和多方面的承诺，扩大工业合作，致力于协助中国建设安全、先进的民用航空体系，并努力寻求更多合作机会。

拓展思考

1. 美国总统的空军一号具有怎样的特殊功能？
2. 当今世界上有哪几大航空公司？
3. 波音公司现在的主要飞机型号是什么？

自力更生——中国自产飞机

中国自从鸦片战争后被世界列强打开了大门，从此沦为半殖民地半封建社会，自强的中国人在反抗列强的同时发展自己的科技。新中国成立后，中国走上了自力更生的发展道路，迎来了科技及经济的繁荣，生产出了许多先进的科技产品，包括先进的战机。

◆中国自产大飞机

艰难的开始

中国的近代航空始于清朝末年，自鸦片战争后，西方的大量学说涌入闭关自守的中国，现代航空知识也随之传人，国内出现了许多介绍氢气球、飞艇和飞机的文章及图片。一些有识之士开始摸索中国自己的航空道路。

1887 年，天津武备学堂数学教习华蘅芳自行设计制造出了中国第一个氢气球；1910 年，留日归来的李宝、刘佐成受清政府委托，在北京南苑建立了飞机制造厂棚，并于次年四月造出了一架飞机，但在试飞时因发动机故障而坠毁。辛亥革命之后，革命军政府组成了航空队，一些有志于航空的爱国志士纷纷投身于此报效祖国。其中最有名的当属爱国华侨冯如。冯如是当时中国最有

◆冯如和他的飞机

成就的飞机设计师和飞行家，1911年他偕助手带着自己在美国制造成功的飞机回国，就任广东革命军政府飞机队队长，不幸1912年因飞机失事而英年早逝。民国政府立碑誉其为"中国始创飞行大家"。

名人介绍——中国航空第一人——冯如

◆冯如

冯如原名冯九如，1883年出生于广东省恩平县牛江渡区杏圃村，距广州200多公里。当时的中国正遭西方列强的凌辱，中国的劳苦大众在半殖民地半封建的水深火热中艰难度日。冯如12岁那年，在美国旧金山做小生意的舅舅回家省亲，见冯如一家生活困苦，就把冯如带到美国去谋生。

冯如目睹美国先进工艺，认为国家富强必须依靠工艺的发达，改变中国贫穷落后面貌非学习机械、发展工艺不可。于是，他白天当勤杂工，晚上读机械学，苦心钻研数年，精通36种机械原理，发明了抽水机、打桩机，制成了性能优良的无线电收发报机。

1903年，当得知莱特兄弟发明了飞机后，冯如决心要依靠中国人的力量来制造飞机。他得到当地华侨的赞助，于1907年在旧金山以东的奥克兰设立飞机制造厂，1909年正式成立广东飞行器公司，冯如任总工程师。公司于当年便投入制造飞机。

1911年2月，冯如谢绝美国多方的聘任，带着助手及两架飞机回到中国。辛亥革命后，冯如被广东革命军政府委任为飞行队长。

1912年8月25日，冯如在广州燕塘飞行表演中不幸失事牺牲，被追授为陆军少将，遗体安葬在黄花岗，并立碑纪念，被尊为"中国首创飞行大家"。

冯如在弥留之际，嘱咐同志："吾死后，尔等勿因是失其进取之心。"

广角镜——冯如精神

中国航空百年，始于冯如先生的那次伟大的飞行。可以说，是冯如先生开

创了这个时代。冯如先生身上展示出的，是一种内涵非常丰富的精神，其包含以下三个层面的内涵：

其一，振兴中华的大志向及科技报国的宏愿。冯如先生从小就立有大志，尤其是当时中华民族积贫积弱，满清政府腐败无能，导致丧权辱国的时代背景下，侨居海外的他，决意以振兴中华为己任。

其二，自主、自力、自强，创新进取的精神。冯如先生研制成功

◆冯如精神激励学生

的飞机，是第一架没有外国人指导下完成的载人动力飞机。他对当时的飞机进行许多独特的改进，最终成就了当时世界上独一无二的"冯如型"飞机。他的第一次飞行，高度、距离都超过了莱特兄弟的首次飞行，是当时世界上第一流的。

其三，刻苦钻研，坚忍不拔的精神。冯如先生一生，对自己钟爱的事业锲而不舍，不懈追求，直至舍生忘死。他没受过多少正规教育，但凭着颖悟和矢志攻坚的精神，始终如一地坚持学习，弥补了这一弱点。

白手起家

1949年10月1日新中国成立后，我国的航空工业进入了一个开天辟地的新时代。

由于旧中国航空基础的薄弱和不断遭受的破坏，留给新中国的仅仅是

◆解放初期的飞行员

一些破损的飞机、机场和工厂，而且人员物资奇缺，在开国大典上，由于飞机数量太少，就连带弹巡逻的4架战斗机也参加了阅兵式。新中国就是在这样的基础之上，开始了空军和航空工业的创建历程。

1951年12月，经周总理亲自主持会议研究决定，我国要在3到5年的时间里试制成功苏联的雅克

◆解放初期的工厂

－18初级教练机和米格－15喷气式歼击机。经过几年的努力，新中国制造的第一架飞机——南昌飞机厂制造的初教5（仿雅克－18）于1954年7月11日试飞成功，并于8月26日开始投入批量生产。1956年7月19日，由沈阳飞机厂制造的歼5（仿米格－17）喷气式战斗机也飞上了天空，9月8日，新华社向全世界发布了我国试制成功歼5喷气式战斗机这一消息。

经过5年多的发展，中国的航空工业成就惊人，已经在一无所有的基础上发展成为初具规模的新兴产业。

自力更生

就在新中国的航空工业欣欣向荣之际，1960年7月，苏联政府单方面撕毁了合同，撤回了专家。再加上"大跃进"所造成的恶果和三年自然灾害的降临，新兴的航空工业面临着前所未有的困难，其中最为困难的是航空材料和器材的缺乏，这对我国薄弱的基础工业来说又是一个严峻的考验。

◆运－7飞机

然而，这一切都难不倒刚刚挺直腰板的中国人，在国家的大力关注和扶持之下，人们以极大的热情投入到航空工业的建设上，同时成立了中国自己的航空研究院，开始培养科研队伍。从此，我国的航空工业走上了一条艰苦奋斗、自力更生的道路。

改革开放以后，中国的航空工业除了进行强－5、歼－7、歼－8等飞

机的改型外，还努力研制新一代
性能更先进的飞机，其代表就是
歼－8Ⅱ歼击机。此外，中国的
下一代主力战斗机歼－10也处于
最后研制阶段。这一系列的成果
说明，中国已经有能力自己设计
高性能的战斗机，我们与发达国
家的差距将会越来越小。

◆运－8飞机

　　在努力发展军用航空的同
时，我国航空工业也开始顺应世界潮流，开始转向民用，先后研制出了运
－7、运－12、运－8、直－9等民用飞机。

点击——歼教5教练机

　　歼教5型飞机是成都飞机工业
公司在歼5甲的基础上改型设计的
全天候喷气教练机。研制工作始于
1964年初，第一架原型机于1966年
4月出厂并进行了静力载荷实验。
第二架原型机于1966年5月进行了
首次试飞。1966年12月国家正式批
准定型投产，到1983年底共生产
974架，除装备空军、海军之外，

◆歼教－5飞机

还援助或出口到第三世界国家。歼教5曾经作为我国空军"八一"飞行表演队的
表演用机。

点击——运－8运输机

　　运－8（Y－8）运输机由中国陕西飞机制造公司研制，为中型四发涡轮螺桨

中程多用途运输机，该机可用于空投、空降、运输、救生及海上作业等多种用途。

1966 年为提高空军运输航空兵空运能力，我国引进了苏联安—12B 型军用运输机，但此时中苏关系已紧张，继续从苏联引进的可能性已经较低，因此空军决定研制大型运输机。1968 年有关部门向西安飞机研究所、西安飞

◆运—8 飞机

机厂下达了测绘仿制安—12B 运输机的任务，飞机编号为运输 8 型运输机，简称运—8，1972 年完成首架运—8 飞机的组装，1974 年首飞成功，此后为备战、加强三线建设的需要，国家将运—8 的试制任务交给了新成立的汉中陕西飞机厂，1975 年由陕西飞机厂试制的运—8 机首飞成功，1980 年运—8 通过设计定型，并批准投入批量生产，1985 年运 8 获得国家科技进步一等奖。

运—8 运输机起飞重量 61 吨，航程 5600 公里以上。运—8 基型的机体为全金属半硬壳结构，采用平直梯形悬臂式上单翼，装有 4 台涡桨 6 型发动机。运送货物时一次能运载 2 辆卡车或散装货物 20 吨，运送人员时一次可乘坐全副武装士兵 96 名，可空降伞兵 82 名。货舱内可安装 60 副担架床，一次可转运重伤员 60 名、轻伤员 23 名，还可随乘 3 名医护人员。

 点击——直—8 直升机

◆直—8 直升机

直—8 是中国直升机设计研究所与昌河飞机工业公司共同研制生产的多用途中型直升机。该机于 1976 年开始研制，首架原型机于 1985 年 12 月首飞，首架生产型直—8 于 1989 年交付中国海军航空兵使用。直—8 的总体布局为单旋翼带尾桨布局，旋翼为 6 片矩形胶

接全金属桨叶，尾桨为5片桨叶，船形机身，带水密舱，两侧有固定水陆两用短翼浮筒，不可收放前三点式起落架，可以进行水上起降。安装了3台涡轴6型发动机，单台最大起飞功率1128千瓦。直—8直升机可军民两用。

点击——轰6轰炸机

　　轰—6轰炸机是中国西安飞机工业公司在苏联图—16轰炸机的基础上研制的高亚音速中程战略轰炸机，主要用于运载常规炸弹和核弹执行轰炸任务。该机于1959年开始研制，曾一度终止，1964年3月恢复研制，首架原型机于1966年10月完成，用于静力试验。1968

◆轰—6轰炸机战斗部队

年12月24日第二架原型机首飞，1969年起投入批量生产。

　　该机采用后掠翼常规布局，全金属结构，蜂腰流线型细长机身，发动机安装在机身左右两侧翼根外，进气口位于机翼前方的机身两侧。该机的改型轰六D增加了导弹火控系统和自动领航轰炸系统，加强了结构，可以在左右机翼下各挂一枚空对舰导弹，1981年8月试飞成功。

　　轰—6的动力装置为两台WP8涡喷发动机，单台海平面额定推力为75.02千牛。其主要机载设备包括多普勒雷达、轰炸雷达、光学轰炸瞄准具、射击瞄准雷达和光学瞄准具、计算机、航向姿态系统、自动领航仪、无线电罗盘、高度表传感器、自动驾驶仪、速度传感器以及短波和超短波通信设备等。

点击——"飞豹"歼击轰炸机

　　"飞豹"是由西安飞机设计研究所设计，西安飞机工业公司制造的双座双发歼击轰炸机。该机于20世纪80年代初开始设计，在80年代中后期实现首飞，

◆ "飞豹"歼击轰炸机

◆蓝天上的"飞豹"歼击轰炸机

90年代通过所有的试飞项目，并在1998珠海国际航展上进行了飞行表演。

"飞豹"飞机是我国第一架自行设计的歼击轰炸机，是第一个自觉进行可靠性和可维修性补充设计的机种，也是我国第一次用计算机辅助设计管理系统研制的机种。"飞豹"采用常规气动布局。两侧进气，蜂腰形机身，动力装置为两台我国自行研制的 MK－202 涡轮风扇发动机，可提供 10 万牛的推力，其起落架为前三点式起落架，前起落架为后撑杆形式，主起落架为小轮距"外八字"摇臂式。

"飞豹"的主要作战使命是执行对地/海攻击任务，并具有一定的歼击护航能力。该机可用于攻击敌方战役纵深目标，也可攻击交通枢纽、前沿重要海、空军基地、滩头阵地、兵力集结点等战场目标，还可以执行远程截击敌大中型水面舰艇等攻击任务。

拓展思考

1. 我国航空第一人是谁？你能谈谈有关他的故事吗？
2. 新中国成立以来中国主要有哪些飞机设计及生产单位？
3. 请谈谈中国国产飞机走过了一个怎样的历程？

地狱猫——F6F 战斗机

　　F6F 战斗机也叫"地狱猫"，是美国著名的战斗机设计公司——格鲁曼公司研制的。格鲁曼公司生产的"猫"族战斗机，在第二次世界大战的太平洋战场创造了无数奇迹，它彻底压制了一度领先的日本"零"式战机，令日军飞行员谈"猫"色变。

◆F6F 型战斗机

临危受命

　　太平洋战争前夕，格鲁曼公司奉命为美国海军研制 F6F "地狱猫"舰载战斗机，"地狱猫"是完全针对"零"式战机研制的一种制空武器。他们发现："零"式发动机功率不大，但机身轻、翼载低，机动性很好。在F6F 的设计中同样引入了这种概念，其翼面达到 31 平方米，翼面积的增大势必会增加阻力，所以格鲁曼公司为 F6F 安装了大功率发动机，然而发动机体积不大，这使得F6F 座舱到机头有 3°的下倾角，对舰载战斗机而言，良好的前下方视

　　迫于战争形势，F6F 在试飞前就开始建立生产线，首架原型机 XF6F-1 出厂时，距 F6F 开始设计仅 14 个月，这也创造了战斗机研制的最短时间纪录。

野非常有利于舰上起降。

正式服役

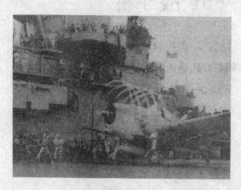

◆舰载 F6F 型战斗机

1943 年 1 月 F6F 正式交付海军后，越来越多的飞行中队装备了"地狱猫"。到 1943 年底，美国海军的大型航母都装备了 F6F。1943 年 8 月 F6F 首次参加实战，之后"地狱猫"更是如鱼得水，充分发挥了其性能优势，在太平洋上空留下了一个个精彩瞬间。

作为专门对抗日本第一流"零"式飞机而设计的战机，不负众望充分发挥了其优势。至 1944 年 4 月停产为止，F6F 各型机共生产了 4402 架。在第二次世界大战众多战机中，F6F"地狱猫"创造了一项无可比拟的纪录：在不到 2 年的时间内，共击落 5155 架敌机，占美国海军和海军陆战飞行队击落 6477 架敌机中的 80%！

 广角镜——马里亚纳猎火鸡

日本的"零"式战机为减轻重量，没有安装密封油箱和任何灭火装置，飞行员也没有装甲保护，机体表面中弹就可能引起飞机着火，美军为此特别研制了穿甲燃烧弹，这种子弹极易穿透"零"式的铝合金蒙皮，并引燃整架飞机。于是，就有了闻名于世的马里亚纳猎火鸡。

1944 年 6 月 19 日上午，在马里

◆F6F 型战斗机的武器

亚纳群岛附近，日军舰队抢先出动 4 波共计 326 架飞机攻击美军。但日军的攻击并没有收到预期的效果。

美军战机如同牧羊犬一般，只要日机企图分散开，就以猛烈的火力将其赶回队形，再集中火力射击队形密集的日机。在美机打击下，日机纷纷中弹坠海，甚至出现同时有 15 架飞机坠毁的壮观场面，日军的 326 架飞机竟被击落 315 架，

◆F6F 型战斗机的螺旋桨

一位美军飞行员在无线电里兴奋地大叫："这真像古代的猎火鸡啊！"于是，这场激烈的海空大战以"马里亚纳猎火鸡"彪炳史册。

轶闻趣事——辉煌战果

"地狱猫"在惨烈的战斗生涯中，还有许多传奇故事。某日黄昏，一个 F6F 编队巡逻至关岛附近，发现日本占领的关岛奥若特机场上空有 49 架日本舰载机盘旋进入着陆航线。他们跟在这些飞机后面并没被发现，于是便趁日机降落时将其中的 30 架逐个击落，剩余19 架也被击毁在跑道上。另一

◆F6F 型战斗机模型

次，一位"地狱猫"飞行员将他的副油箱准确地投在一架"零"式战机上，将其"砸落"。

拓展思考

1.F6F 战机是在什么情况下设计并生产出来的？

2.F6F 战机主要是针对对手的哪种战机而设计的？取得了怎样的战斗效果？

3.谈谈日本的零式战机的特点。

超级大黄蜂
——F/A—18 战斗机

F/A—18 战斗机是。美国麦克唐纳·道格拉斯公司（现并入美国波音公司）为美国海军研制的舰载单座双发超音速多用途战斗机，主要用于舰队防空，也可用于对面攻击。其绰号为：黄蜂、大黄蜂、超级大黄蜂。

◆ "大黄蜂" 战机从航母上起飞

"超级大黄蜂" 战斗机

1974 年美国军方提出多用途战斗机概念，由麦道公司和诺斯罗普公司联合研发生产。麦道公司负责制造前机身、座舱、机翼、水平安定面、起落架等，以及全部飞机的总装。诺斯罗普公司负责研发工作的 30%，制造工作的 40%，最初计划研制两种单座型，即执行空战任务的 F—18 和执行

◆航母上 "大黄蜂" 战机群

◆ "大黄蜂" 战斗机机动中

97

攻击任务的 A－18。但两种型号非常相似，因而将它们统一为一种机型，称 F／A－18。

　　第一架原型机于 1978 年 11 月 18 日首飞，1980 年 5 月交付美国海军。此后，加拿大、澳大利亚和西班牙也采购了这种飞机。到 1992 年 1 月，各型 F／A－18 累计生产了 1050 架。

点击——"大黄蜂"的电子及武器系统

◆ "大黄蜂"战斗机装备的 APG－73 雷达

◆ "大黄蜂"战斗机实弹飞行

　　F／A－18 战斗机的武器控制系统包括攻击显示分系统、数据处理分系统、参数测量系统和外挂物管理分系统等 4 个主要部分。

　　攻击显示系统包括平视显示器和 3 个下视显示器。数据处理系统包括大小 30 余个计算机，雷达信号处理机、雷达数据处理机、外挂物管理计算机、显示计算机、飞行控制计算机和大气数据计算机等。参数测量系统包括 AN／APG－65／73 雷达，该型雷达可以远距搜索、跟踪扫描等，可跟踪 10 个目标，向飞行员显示 8 个目标，并可检查攻击效果。

　　外挂物管理和控制分系统包括 AN／AYQ－9 外挂物管理系统和 AN／AWG－21 导弹控制器等。

　　主要武器有机头 1 门 M6120 毫米 6 管机炮，备弹 570 发。外部能携带 13700 磅弹药。共有 9 个外挂架，两个翼尖挂架各可挂 1

枚"响尾蛇"空对空导弹；两个外翼挂架可带空对地或空对空武器；两个内翼挂架可带副油箱或空对地武器；位于发动机短舱下的两个挂架可带"麻雀"导弹。另外可携带 B—57、B—61 核弹。

 点击

F/A—18 战机的发动机

F/A—18 装两台通用电气公司研制的 F404—GE—400 低涵比涡轮风扇发动机，单台加力推力 71.2 千牛（7200 千克）。进气道采用固定斜板式，位于翼根下的机身两侧。机内可带 4990 千克燃油，还可挂 3 个副油箱，飞机总载油量可达 7979 千克。机头右侧上方还装有可收藏的空中加油管。

 广角镜——大黄蜂的实战

1985 年 2 月至 8 月，F/A—18 第一次前往西太平洋和印度洋地区执行部署任务。

在 1986 年 3 月的"草原烈火"行动中，F/A—18 首次参与实战，对利比亚的岸基设备实施打击。

在 1991 年的海湾战争中，共 190 架 F/A—18 参战，海军有 106 架，陆战队有 84 架。在行动中，一架损失于战斗，两架损失于非战斗事故。另外有 3 架受到地空导弹攻击，但是返回基地，经过维修又恢复作战行动。

◆ "大黄蜂"战斗机飞过航母

 小知识——麦道飞机公司

麦道飞机公司是美国飞机制造商，它制造了一系列著名的民用和军用飞机。

公司创立人是詹姆斯·史密斯·麦克唐纳和唐纳德·威尔士·道格拉斯。两人都是麻省理工学院的毕业生，都曾在马丁飞机公司工作。从1942年到1945年该公司造了近3万架飞机，其职员增加到16万。该公司建造了一系列飞机，包括C—47、A—20和A—26等。但由于各种原因，该公司1997年被波音公司合并。

◆麦道DC—9—41飞机

拓展思考

1. 超级大黄蜂战机具有怎样的优异性能？
2. 请讲讲大黄蜂战机的实战事例。
3. 你还知道关于麦道公司的其他情况吗？

长空霹雳
——P—47"雷电"战机

P—47 战斗机是第二次世界大战中著名的战斗机，由共和公司于 1939 年 11 月开始研制，1941 年 5 月 6 日，P—47B 首飞成功，试飞时该机高空机动性能较好；并在 8470 米的高度创造了时速为 690 公里的最大平飞速度纪录。试飞后，P—47 便有了"雷电"的绰号。

◆ "雷电"战斗机

雷电战斗机

P—47"雷电"飞机由历山大·舍维尔斯基与亚历山大·卡特维利两个俄国人所创建的美国共和飞机公司生产。

该战机的外观强悍威武，是当时战争中最重的单发动机军用机，它具有双发战斗机的尺寸和轻轰炸机的载弹量。

从外表上看，P—47 飞机

◆ "雷电"战斗机编队

机身圆胖，长度为 10.7 米。前机身装有一台星形 18 缸活塞式发动机，配有一副尺寸较大的四叶螺旋桨，直径为 3.65 米。飞行员的驾驶舱位于机身

◆ "雷电"战斗机所带的武器

中部上方，尾部为倒 T 形尾翼，起落架为后三点式。两侧机翼前各装有 3 挺口径为 12.7 毫米的白朗宁式机枪，每挺备弹 200 发以上。P—47D 型飞机两翼又各增加一挺，使机枪总数达到 8 挺，此外机身和翼下还设有多个外挂架，可挂炸弹和火箭等，最大外挂量为 1135 千克。由此可见，P—47 战斗机的火力是很强的。但是，装武器多就必然会装燃料少，燃料少又会影响到飞行距离和飞行时间等性能。

轻松一刻

相对其他同时代的战斗机来说，美国共和飞机公司的 P—47 "雷电" 显得五大三粗，开始让人有些难以接受，甚至被飞行员拒绝使用。可是，没过多长时间，很多飞行员就喜欢上了它。虽说 "雷电" 形体较大，灵活性也确实不如 Me109 等，但它的发动机劲大，火力猛，生存能力强，只要不是要害部位，即使接上几十发子弹也不碍事。而且俯冲性能好，在空战中只要抢占到有利高度，对敌机的俯冲攻击是很容易得手的。因此，P—47 一经使用证实其优势后，便受到了部队的欢迎，订单不断 "飞" 向共和飞机公司。各型 "雷电" 飞机被源源不断地运往前线，在欧洲和太平洋战争中发挥了重要作用，成为第二次世界大战中少数几种曾大量生产并屡立战功的著名战斗机。

广角镜——P—47 创造了奇迹

P—47 诞生于第二次世界大战中期，先后发展了多种型号，各型生产总数达 15683 架。其中在共和飞机公司法明代尔飞机厂生产了 9087 架；后为了加快生

产速度，在印第安那州的伊文塞尔又开辟了第二条生产线，生产飞机6242架；在寇蒂斯飞机公司的制造厂生产了354架。它们先后投入欧洲和太平洋战场使用，为第二次世界大战的胜利发挥了重要作用。一种飞机生产15683架，这个数字在现代飞机制造业中是没有的，在历史上也是少见的。

据统计，各型P—47"雷电"战斗机在第二次世界大战中，共飞行193。4万小时，战斗出动54.6万架次，消耗燃油2.04亿加仑，发射子弹1.35亿发、火箭6万枚、投掷炸弹13.2万吨、凝固汽油弹上千加仑。空战得失比为4.6比1，即击中敌机4.6架，自己损失1架。千架出动损失率为7架。这些纪录在作战飞机史上都是名列前茅的，有的甚至是创先例的。

 点击——P—47战机与"零式"战机的较量

1944年春天、两个P—47战斗机大队被派往中国成都地区，主要任务是为B—29轰炸机护航。P—47在太平洋上的主要对手是日本的"零"式战斗机。"零"式飞机轻巧灵活、爬升性能好，曾在太平洋上空横行多年。与它相比，P—47在爬升速度、转弯半径和俯冲拉起等性能上稍逊一筹，但在速度和俯冲性能上却毫不逊色，尤其是火力和生存能力，在当时的战斗机中是最优秀的。美军飞行员根据两种飞机的优劣长短，摸索出一套扬长避短的有效战法，使P—47在与"零"式战斗机的频繁空战中连连获胜。

◆"雷电"战斗机头部特写

◆游戏中"雷电"战斗机

万花筒

P—47 战机与王牌飞行员

据资料记载，在整个欧洲空战中，单说驾驶 P—47 战斗机，个人击落敌机 20 架以上的飞行员就有 7 人，如美军欧洲战场的头号王牌弗朗西斯 .S. 加布雷斯基。在太平洋战场，驾驶 P—47 屡立战功的有尼尔·E. 基尔比等。他在太平洋作战中，曾一次出动击落 6 架敌机，不到半年就击落 21 架敌机，这些在空战史上都是少见的。可惜的是这位英勇善战的飞行员不久便英年早逝，在 1944 年 3 月 4 日，基尔比带领 3 名飞行员到韦瓦克上空游猎时，遇到了日军一个 15 机编队。在激烈的缠斗中，基尔比的座舱中弹，飞机坠入新几内亚境内的丛林之中，他没有跳伞。基尔比的最后纪录是击落敌机 22 架。

拓展思考

1. P—47 战斗机是哪个公司生产的？它具有怎样的性能？

2. 你知道 P—47 战斗机在哪几个战场上立过战功？

3. 中国历史上有哪些王牌飞行员？

"蚊"鸣战场——"蚊"式战机

"蚊"式飞机是英国人的骄傲，更是充满了传奇色彩的一代名机。由于飞机生产厂商预见到了战争过程中物资的匮乏，该机使用木材代替了铝材，这就使该机身轻如燕，在战场上屡立奇功。

◆钱币上的"蚊"式战机

"蚊"式战机

德·哈维兰公司的DH98"蚊"式战机是第二次世界大战中设计最成功的飞机之一。该机的设计师们为减轻飞机的质量决定采用一种少见的木

◆"蚊"式轰炸机

◆"蚊"式轰炸机

质结构——"模压胶合成型木结构"。机翼：除了机翼中间有两根金属翼
梁外，由上、下两片整体模压木质翼片对合而成；机身：由左右两半
木质胶合结构对合成为筒形承力结构；进气口开在机翼前缘；主起落架为
双柱结构，发动机安装于钢管支架上用橡胶支承座支承。

开心驿站

　　采用全木质结构是德·哈维兰公司最具深谋远虑的决定，充分预见到
战时英国的铝合金将出现匮乏，掌握飞机金属结构制造技术的工人也将十
分短缺，木质的飞机能够由任何技术熟练的木匠进行生产，英国的钢琴厂、
橱柜厂、家具厂都能投入飞机的生产。

"蚊"式战机家族

◆ "蚊"式轰炸机编队

　　"蚊"式战机在生产过程中
一共有 43 种改进型，其中 26 种
曾经参加第二次世界大战的作战
行动。"蚊"式的改型按其用途
分类，大约有如下机型：照相侦
察机、轰炸机、战斗轰炸机、夜
间战斗机、轰炸引导机、鱼雷轰
炸机、猎潜机、昼间巡逻机、布
雷机、教练机、特种运输机等。

　　"蚊"式各型一共生产了
7781 架，包括加拿大生产的 1034 架和澳大利亚生产的 212 架，在战争期
间交付的共 6710 架，生产一直持续到 1950 年，在一些国家一直服役到 20
世纪 60 年代中期。

广角镜——"蚊"式战机的传奇

"蚊"式战机投入战斗后参加了几乎每一次夜间轰炸行动。由于速度快，基本上可以避免德国截击战斗机的截击。在飞临目标上空后，用燃烧弹在目标区炸出火光，为后续重型轰炸机编队指示目标。

德国对"蚊"式战机恨之入骨，但是没有能够有效截击

◆ "蚊"式战机模型

"蚊"式战机的飞机。为了截击"蚊"式战机，德国还专门模仿"蚊"式战机的结构，设计了全木结构的FMTa—154来对抗"蚊"式战机。德国人对木结构本身并不在行，Ta—154在试飞中结构多次出现破坏，Ta—154未能批量生产。

影响最大的轰炸行动是1943年1月31日，当天上午戈林准备在柏林的阅兵式上讲演。早上，第105中队的"蚊"式战机从柏林上空编队飞过，阅兵式不得不取消。改在下午进行的阅兵式又因为第139中队的"蚊"式战机再次飞临柏林上空而再次取消，准备在下午发表鼓励性演说的戈培尔也被迫取消演讲。这两次轰炸虽然一枚炸弹都未投下，但却使戈林、戈培尔夸下的"没有任何敌机能在白天飞临柏林上空"的海口，变成了笑话。戈林对此大为震怒，在德国空军部的一次讲话中说：……我看见"蚊"式后非常羡慕……英国人能够得到比我们多得多的铝材，却发展了这样一种优雅的木头飞机，连英国的钢琴厂都能大批制造，而且速度如此之快。和他们相比，我们做了些什么呢？……没有什么是英国人做不到的，英国人是天才，我们是傻瓜……

知识库——开国大典上的飞机

中华人民共和国开国大典上参加阅兵的有17架飞机，其中9架是P—51型战斗机，2架是"蚊"式战斗机，3架是C—46型运输机，1架是L—5型通信联

◆1949年天安门阅兵飞机

络机,最后2架是PT－19型初级教练机。17架飞机要形成一个纵队跟进队形通过天安门上空,与地面的坦克队列相呼应。

当受阅机群从天空飞过时,其中4架还挂着实弹,这是世界阅兵史上前所未有的事情,原因是受阅飞机还在担负战斗值班任务,挂实弹是迫不得已的选择。

"17架飞机5种机型,飞行速度相差很大。两种战斗机的时速是600公里,L－5型通信联络机和PT－19型初级教练机的时速不足200公里。但上级要求,通过天安门时必须队列整齐、分秒不差,确实很有难度。"

拓展思考

1. "蚊"式战机最大的优点是什么?
2. "蚊"式战机在战争中立了哪些战功?
3. 谈谈你对此战斗机的理解。

火蜥蜴
——德国 HE－162 战斗机

第二次世界大战中纳粹德国空军有经验的飞行员已经严重短缺，因此特别要求新型飞机必须非常容易驾驶，此时 He－162 "火蜥蜴"战斗机应运而生。

◆ "火蜥蜴"战斗机起飞

"火蜥蜴"战斗机

德国 He－162 火蜥蜴战斗机是亨克尔公司在 1944 年末研制的单发轻型喷气式战斗机，其机身结构为典型的钢管构架，机体采用铝合金蒙皮。机翼主要为木制，但主翼翼梢的 55°下反垂段采用铝合金。飞机的垂直尾翼和水平尾翼也为木制。两片垂尾位于略有上翘的两个平尾的前端。这是为了避开发动机的气流干扰。

◆ "火蜥蜴"战斗机

该机发动机的布置很有特色，不像当时其他的喷气式战斗机是布置在体内或挂在翼下，而是背在机背上。一台涡喷发动机被布置在飞机座舱稍后的机背上，这样可以避免吸入跑道上的异物和航炮射击时产生的硝烟。

该机的座舱设计靠近机头前部，采用了气泡形座舱。这使 He－126 驾驶员的视野非常好。该机采用了当时新潮的前三点式起落架，更重要的是采用了当时极为少有的弹射座椅！由于采用发动机放置在机背的设计，如果飞行员仍然像以往那样靠自己爬出机舱，那立即就会被发动机强大的吸力吸进去，只有弹射座椅可以解决问题。

◆战斗机群轰炸居民区

广角镜——"火蜥蜴"战斗机研制背景

◆德国战斗机群

◆博物馆里的"火蜥蜴"战机

1944 年第二次世界大战已接近尾声，盟军处于反攻阶段，纳粹德国已经处于风雨飘摇之中，尤其是纳粹空军。面对英、美盟军空前猛烈的战略空袭，整个德国每天都要面对没完没了的轰炸。纳粹德国从下层民众一直到最高头目希特勒的忍耐已经到达极限。希特勒面对整天在自己头顶如入无人之境的盟军空军又实在无能为力。焦头烂额的希特勒只好把希望寄托在新式武器上。

德国空军高层将领提出一个新计划，即要求研制一种成本低、生产容易同时又性能优异的轻型喷气式战斗机来辅助重型机。就是以部分性能优异但价格昂贵、技术复杂、生产烦琐的重型喷气式战斗机搭配大量具有优异性能的、廉价的、容易生产和操纵的单发低档轻型喷气式战斗机，组成"高—低搭配"的机群。这种思路一直影响到现在空军战斗机的生产。

知识库——"火蜥蜴"遗憾战场

1945 年 2 月 6 日,He－162 "火蜥蜴"轻型喷气式战斗机正式装备纳粹德国空军。当年 2～4 月,纳粹德国空军就组成了该机的战斗大队并开始升空执行对盟军的作战任务。结果"火蜥蜴"轻型喷气式战斗机的出现给盟军空军带来巨大震动。

事后盟军参战飞行员反映,"火蜥蜴"的机动性尤其是空战缠斗性极佳。盟军当时最先进的美制 P－51D"野马"战斗机根本无力还手。

◆游戏中的"火蜥蜴"战机

但"火蜥蜴"机体小限制了机内载油量,加上早期喷气式发动机油耗都非常大,He－162 的作战时间短是必然的。

但让人感到很难理解的是,对本来就数量有限的 3 支 He－162 "火蜥蜴"轻型喷气式战斗机部队,纳粹德国空军统帅戈林的做法并不是让其尽可能的升空作战。而是在 1945 年 4 月 30 日亲自命令这 3 支部队没有他的命令严禁擅自升空出战。企图以此保存实力。结果,一直到战争结束 3 支部队都再没有飞上天。这在战后的战胜国中成为笑柄。而戈林事后在监狱里也对自己这个蠢驴般的决定后悔不已。

万花筒

战后盟军专家对俘获的 He－162 得出的结论是,He－162"火蜥蜴"轻型喷气式战斗机是纳粹德国空军最优秀的机型,其机动性远远超出盟军任何一种战斗机。

拓展思考

1. "火蜥蜴"战机跟同时代的战机最大的区别在哪里?

2. "火蜥蜴"战机为何最先安装了弹射座椅?

3. "火蜥蜴"战机在战场上的最初表现如何?其最后的结果又怎么样?

轰炸机的典范
——B—29 轰炸机

只要说到世界上最成功的轰炸机，许多人肯定会想到美国研制的 B—29 超级堡垒轰炸机。在第二次世界大战中，B—29 取得了非凡的战绩，正是因为它，美军才能以较少的伤亡迫使日军无条件投降，提前结束了太平洋战争。

◆B—29 轰炸机在日本上空

B—29 轰炸机

B—29 轰炸机是波音公司研制的，研制时正处在第二次世界大战中期，美军急需航程运载弹量大的重型轰炸机。

B—29 机长 30 米，高约 8 米，翼展达 43 米，重 60 吨。别看 B—29 身高体长，但它的体形却十分优美。B—29 轰炸机的飞行性能也是当时的其他轰炸机所望尘莫及的。它能够以 563 公里的时速在 11582 米高空携带 4 吨炸弹飞行 5632 公里，最大载弹量达到了 10 吨。而当时用于欧洲战场的主力轰炸机 B—17 "空中堡垒" 的最

◆停在地面上的 B—29 轰炸机

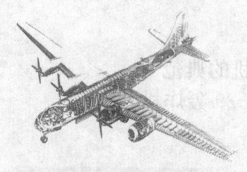

◆B-29轰炸机的结构

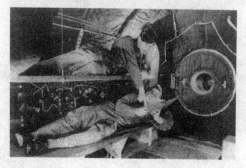

◆B-29后机身的增压乘员舱基金会标记

大载弹量也仅为 4.7 吨,最大航程为 3862 公里,与 B-29 相差甚远。

机组编制为 10 到 14 名,一般为 12 名,包括正副驾驶、领航员、投弹手、机械师、无线电报员、雷达操作员和 5 个炮手。因为轰炸机需要在高空打开炸弹舱投弹,所以采用全增压直通舱是不切实际的,波音公司决定只在驾驶舱和机身中段有人员的部位进行气密增压,形成前后独立的增压舱,增压舱之间由通过炸弹舱上方的气密管道相连,机组可以通过管道到达另一个气密舱。

 点击——B-29轰炸机轰炸日本

为了在太平洋战场上能展开对日本本土的进攻性战略轰炸,美国阿诺德将军于 1944 年组建美陆军航空队第 20 航空队,准备用新研制的 B-29 超级堡垒远程战略轰炸机将战火直接烧到日本本土去。20 航空队最终不仅直接促成了日本的投降,而且历史还证明它的组建对美国建立一

◆富士山上空的 B-29 轰炸机

支独立的空军也具有里程碑的意义。

B—29 轰炸机先后对日本多个城市进行了轰炸，时间长达 15 个月之久，空袭次数达 380 次以上。B—29 还在 1945 年 8 月 1 日向日本 33 个城市投下宣传单，警告在之后数天将空袭所列城市。到了战争末期，B—29 空袭日本几乎成为例行公事。

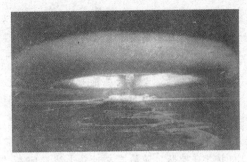

◆原子弹爆炸图

另外 B—29 轰炸机还向广岛、长崎投放了两颗原子弹，彻底摧毁了日本帝国的持久战梦想。1939 年 10 月，美国政府决定研制原子弹，1945 年造出了三颗。一颗用于试验，代号"瘦子"，两颗投在日本。1945 年 8 月 6 日投到广岛的原子弹，代号为"小男孩"，重约 4.1 吨，威力不到 20000 吨 TNT 当量。同年 8 月 9 日投到长崎的原子弹，代号为"胖子"，重达 4.5 吨，威力约 20000 吨 TNT 当量。

知识库——B—29 战机在中国

第二次世界大战期间，首批 B—29 于 1944 年 4 月抵达印度，并在 4 月 24 日飞越珠穆朗玛峰上的驼峰，抵达中国四川成都专为 B—29 而建的机场。B—29 的首次作战是 1944 年 6 月 5 日，98 架参战的 B—29 中的 77 架成功地从印度飞抵日军占领下的曼谷，轰炸当地的火车调度场。

1944 年 6 月 15 日，47 架 B—29 从成都起飞，轰炸位于日本四国的八幡钢铁厂。这是 1942 年 4 月杜立特空袭东京以来，美军首次再对日本本土进行空袭。不过由于运输补给困难，

◆B—29 轰炸机空中投弹

加上由中国起飞的 B—29 必须减少载弹量以运载燃料，故此 B—29 在中国的日子里，只对日本发动了有限的攻击。

 知识广播

飞虎队，全名为美籍志愿大队（简称 AVG），又称中国空军美国志愿援华航空队，是第二次世界大战期间在"中华民国"成立，由美国飞行人员组成的空军部队，在中国、缅甸等地对抗日军。

 拓展思考

1. B—29 轰炸机是哪个公司生产的，它具有怎样的特点？
2. B—29 轰炸机在战争中起到了什么作用？
3. 谈谈 B—29 轰炸机在亚洲战场上的表现。

书写传奇
——SBD 无畏式轰炸机

第二次世界大战中无畏式轰炸机就被认为是过时的一种机型，但正是这种"过时"的轰炸机，凭借着自己在战争关键时刻的杰出表现，在太平洋的上空写下了一段不朽的传奇，给世人留下了"无畏"的威名。

◆无畏式轰炸机

无畏式轰炸机

SBD 无畏式轰炸机为道格拉斯公司开发的舰载俯冲轰炸机，主要在第二次世界大战时期活跃于太平洋战场上。于 1940 年 5 月 1 日首次飞行并当年服役，其主要用户是美国海军、美国陆军航空队、自由法国空军、皇家海军航空队。战时其与格鲁门 F4F 野猫式战斗机及 TBD 破坏者式鱼雷攻击机为第二次世界大战开战时美国三大主力舰载机。

该机原型机的翼展只有 12.65 米，全长 9.60 米，全高也只有 3.81 米，相对于其他飞机来说，这个尺寸还是比较小的。该机为下单翼，收入主翼下方凸起舱室

◆美军战机轰炸日军航母

内的主起落架，露出下半截的机轮。机翼采用蜂窝晶格结构，这种机翼结构此前已经在道格拉斯的 DC 系列运输机上得到了成功运用。这种机翼结构在初创之时是航空设计上的一次革命，因为它使单翼飞机从此摆脱了框架的限制。不过，蜂窝结构也导致机翼不可能折叠。

点击——"无畏"战机与对手的比较

◆打捞道格拉斯 SBD "无畏"侦察/俯冲轰炸机

"无畏"战机的飞行性能在当时美日两军的武器库中并不算突出。与它的对手日军 99 式舰载俯冲轰炸机相比，SBD 的速度比 99 式要慢上一大截。但是，速度不足的缺陷并不能抹杀"无畏"在太平洋上的光辉。得益于俯冲轰炸机的先天优势，再加上"无畏"自身的卓越性能，这种被认为已经过时的飞机却成了太平洋战争前期最受飞行员欢迎、最成功也是最具威名的攻击机。

和 99 舰爆相比，"无畏"最显著的优势在于飞机的攻击力。SBD 的典型武器配置是在机身下方携带一（454 千克）炸弹，如果需要，两侧机翼下还可以各挂载一枚 45 千克的炸弹；而 99 舰爆在出击时一般只在机腹下挂载一枚 250 千克炸弹，外加翼下的 2

◆SBD "无畏"轰炸机轰炸日本航母

枚 60 千克炸弹；SBD 的威力比对手要高出将近一倍！

除了具有卓越的攻击力，SBD 采用的蜂窝结构机翼和强有力的机身结构也赋予它坚固的身躯。对于必须迎敌方炮火而下的俯冲轰炸机来说，这也是一项不可忽视的性能指标。在这一点上，"无畏"要远远超出自己的日本同行。

广角镜——中途岛海战中的"无畏"战机

在中途岛海战中，从岛上起飞的
关军海军陆战队所属 SBD－2 俯冲轰
炸机曾在发动进攻时遭到日军高射炮
火和战斗机的双重夹击，所有的飞机
都是弹痕累累，但是那些侥幸未被击
中要害的轰炸机却都能够拖着伤残之
躯返回基地，最夸张的是丹尼尔·小
埃弗森中尉的座机，居然带着 259 个
弹孔和再也放不下的起落架回到基地
并成功迫降！这绝不是偶然的情况，
在此前此后的战斗中，人们经常可以
看见带着筛子般机翼的，SBD "无畏"
飞机在航母飞行甲板或者机场跑道上
降落。而这对于那些"挨几下就要断
掉半边翅膀"的日军俯冲轰炸机而言，
根本就是不可能的。

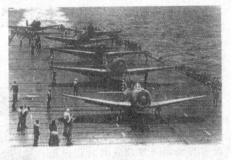

◆航母上的"无畏"战机群

在1942年的历次航母会战中，"无
畏"战机取得的战果比其他所有飞机加
起来的都要多得多，尤其是在6月的中
途岛战役中，从美国航空母舰上起飞的
"无畏"通过洽逢时机的一轮俯冲，几乎
把日本海军航空兵的精华一扫而空，给日
本海军留下了永远无法弥补的巨创。

不要小看这一优势，正是由于飞
机的结构强度不高，许多技术优秀的
日军轰炸机飞行员都在未及投弹之时
就被击落在远远的海中，未能发挥丝
毫作用还搭上一条性命；而美军的飞行员们则总是能够强行穿越日舰的火网，投
下炸弹后返回基地，这无形中又增加了美军舰载航空兵的实际战斗力，大批经过
实战考验的飞行员也因此得以返回，把宝贵的经验传授给新手们。

拓展思考

1. "无畏"式轰炸机具有怎样的优异性能？
2. "无畏"式轰炸机在二战中起到了怎样的作用？
3. 谈谈中途岛大战及其影响。

黑夜幽灵
——P—61黑寡妇战斗机

P—61战机是一种重型战斗机，机身涂成黑色，常常隐蔽于夜空中，依靠其先进的机载雷达搜索目标，一旦捕获目标，便迅速调整姿态立即扑过去，以猛烈的火力将目标击落。

◆P—61黑寡妇战斗机

P—61黑寡妇战斗机

P—61战机最先利用雷达进行导航，可在夜间进行空中格斗，是世界上第一种实用的夜间战斗机。它虽然只是在第二次世界大战的末期才加入美军现役，但是它的身影却遍布欧洲、地中海、太平洋、中国西藏和印度。

◆P—61战机空战中

该机由美国诺斯罗普公司设计并生产，黑寡妇翼展20.14米宽，4.3米高，8729千克的空重，11407千克的总重，13095千克的最大重量。该飞机的最大续航航程为2333千米，使用前三点起落架，这使它成为比大多数飞机更安全的夜间飞机，而且封闭了机头的座舱，并装上 12 挺 7.62 毫米机枪，以及增加排气吸收器和涂上了黑漆，因此便成了夜间幽灵战斗机。

该机的改进型"涡轮灯"飞机，机上装有一盏功率为几千瓦的探照灯，当夜间敌方飞机接近时，一束锥角为 30°的光，在 1.61 公里距离上，照亮宽 137 米的范围，从而使协同作战的普通战斗机能向目标射击。这盏大功率的灯泡装在直径为 0.915 米的装甲玻璃罩后面，并由炸弹舱内的重 1 吨的电瓶供电。

小知识——黑寡妇蜘蛛

在美国西南部的丛林中，有一种黑色蜘蛛，体积虽小，但毒性极大。其毒液的毒性竟是眼镜蛇毒液的 15 倍。这种黑色的蜘蛛常常潜伏林中暗处，一旦发现目标，找准机会，就会出其不意地迅速扑过去，用毒液将目标立刻置于死地。此外，它还生性残忍。每当雌雄蜘蛛交配后，雌蛛立刻吃掉雄蛛。因此，世人称它为黑寡妇蜘蛛。

◆P—61 黑寡妇战斗机

P—61 战机研制来源

黑寡妇战斗机的设计要求是来源于 1940 年的英伦空战，那时，英国皇家空军战斗机成功地在白天阻击了纳粹德国空军疯狂的轰炸，为了能够继续对英国造成破坏，并将白天空袭改成了夜间出动，德国空军屡屡在夜间空

◆P—61 战机群

袭得手，使英国蒙受很大的损失。因此，英国迫切需要一种能够在夜间展开巡逻，并能够在敌军轰炸机编队还没有飞到目标上空时就能对其进行攻击拦截的夜间战斗机，美国陆军的军官们注意并很重视这个需求，并确认，如果未来美国参战，美军也必须有一款夜间战斗机以适应战争的需要。经过多方选择，美国陆军于1941年1月30日与诺斯罗普公司签订了研制夜间战斗机的协议。

广角镜——P-61战机在中国

1944年10月5日，美国第426夜战中队被派往中国西南重镇成都，后来第427中队也来到了中国。进驻中国战区的夜战中队使用的"黑寡妇"战斗机是P-61B型。该机于1944年首次试飞，装两台普·惠公司生产的气冷活塞式发动机，单台功率为1.5兆瓦。该机最大速度每小时589公里（高度6100米），升限1.01万米，航程4830公里，装4门20毫米机炮和4挺12.7毫米机枪，并可载4枚720千克的炸弹。

P-61B乘员2～3人。当采用2名乘员方案时，由飞行员兼前面机身4门固定机炮的射手，而雷达操纵员则兼无线电通信及尾部后舱4挺机枪的射手；当取3名乘员方案时，飞行员兼4门机炮射手，雷达操纵员操纵雷达，专心致志捕获目标，无线电通信员兼当4挺机枪的射手。

1944年10月29日晚，"黑寡妇"在中国首战告捷。功臣是飞行员罗伯特·斯科特和雷达操纵员罗伯特·菲力普。"黑寡妇"很快就成了日军战斗机的克星。其奇特的外貌和优越的夜战性能，使日军飞行员感到了强大的威胁。经过几个月的较量，日空军的夜间偷袭行动基本上被遏制住，不敢轻易发起夜间攻击了。"黑寡妇"自然不甘寂寞，随即调整了使命，开始了夜间的主动出击行动。它们无声无息地穿梭于夜空之中，分

◆机场上的P-61战机

别从新津、梁山和安康等基地出发，前去袭击日占区的铁路、公路和通信系统。第427中队的"黑寡妇"们还被改装成机翼下带有火箭发射器的飞机，从昆明基地出发去打击日军。

P—61 战机的战绩

1944年7月7日，"黑寡妇"飞机在南太平洋作了第一次厮杀，在那里，它代替了P—70飞机，到年底，已成为所有航空队夜间战斗机中队的标准装备。

◆生产车间里的 P—61 战机

尽管"黑寡妇"问世较晚，但却取得了很好的战果。在欧洲战区，纳粹德国后期投入使用的JU88型、D0217型共计被"黑寡妇"击落237架。美陆军航空队的P—61型飞机在欧洲战区夜间作战中，损失率仅为0.7%。

在大战的最后一年，"黑寡妇"飞机作为陆军航空队标准夜间战斗机。那时，轴心国处于守势，同盟国也就没有遇到过饱和轰炸袭击。P—61飞机通常独自出动去伏击各个敌方袭击者。

拓展思考

1. P—61战机为什么称为黑寡妇？

2. P—61战机是在什么背景下研制出来的？它具有怎样的性能？

3. 谈谈 P—61 战机在中国的表现。

展望未来——高科技飞机

　　现在普遍使用的飞机都是使用航空燃料，过去、现在及将来人们也致力于研究以其他燃料为动力的飞机。普通的飞机只能在大气层中飞行，人们正在研究一种能够冲出大气层的空天飞机，真正实现低成本来去太空。

◆空天飞机想像图

核能飞机

　　利用核能作为动力的飞机称为核动力飞机。核动力飞机的设想由来已久，早在20世纪50、60年代的冷战期间，美苏两国就已经把这种设想变成现实了，只是因为解决不好防护和重量的问题才没有大规模地应用。

◆X-6核能飞机模型

◆X－6核能飞机

　　最有名的就是美国空军 X－6 项目——按照美国空军和美国原子能委员会的最初设想，X－6 以 B－36 轰炸机为基础，安装一台通用电气 P－1型核反应堆，其产生的热能将带动 4 台通用电气 J47 涡轮喷气发动机运转，从而为 X－6 提供飞行动力。

 点击——苏联的核动力

　　当时，苏联为了对抗美国，也有自己的核动力战略轰炸机计划。这就是苏联的图－119。1962 年，苏联第一架核动力飞行平台图－119 的特殊改型试飞成功，它装有 BBP－JI 核反应堆，至 1969 年为止它共投入试验飞行 60 架次。尽管后来证明核动力飞行还是一个相当遥远的梦想，但至少在这方面的研究与探索，苏联已不输于美国。

◆图－119核能飞机

太阳能飞机

以太阳辐射作为推进能源的飞机称为太阳能飞机。为了获取足够的太阳能，飞机上通常有较大的能够铺设太阳能电池板的上部表面积，因此机翼面积较大。

广角镜————首架太阳能飞机

◆首架太阳能飞机

2007 年 11 月 5 日，在瑞士杜本多夫举行的新闻发布会上，展出了"阳光脉动"太阳能飞机样机。科研人员历时 4 年制成了这架太阳能飞机。

该太阳能飞机样机 HB－SIA，耗资 7000 万欧元打造。据了解，瑞士太阳能飞机机翼上装有 1.2 万对太阳能电池板，为机上 4 台电动机供电。飞机白天飞行时，可将多余的太阳能电力储备到高性能蓄电池中供夜间飞行使用，因此可实现无燃油昼夜飞行。首架太阳能飞机由超轻碳纤维材料制成，翼展达 63.4 米，相当于空客 A340 型飞机，而重量却仅相当于一辆家用轿车——1600 千克。

2009 年 11 月 19 日，一架以太阳能为动力、旨在创造环球飞行纪录的飞机在瑞士的一条跑道上进行了首次测试，以时速 9.26 公里的速度滑行了至少 2 公里。

空天飞机

空天飞机是既能航空又能航天的新型飞行器。它像普通飞机一样起飞，以高超音速在大气层内飞行，在 30～100 公里高空的飞行速度为 12～

25 倍音速，并直接加速进入地球轨道，成为航天飞行器，返回大气层后，像飞机一样在机场着陆。

20 世纪 60 年代初，就有人对空天飞机作过一些探索性试验，当时它被称为"跨大气层飞行器"。由于当时的技术、经济条件相差太远，且应用需求不明确，因而中途夭折；80 年代中期，一些国家对发展载人

◆空天飞机想象图

航天事业的热情普遍高涨。为了寻求一种经济的天地往返运载系统，美、英、德、法、日等国纷纷推出了可重复使用的天地往返运输系统方案。80 年代末，这股空天飞机热达到高潮。也激起了中国航空航天专家的很大兴趣。

空天飞机在军事及科研上有很重要的用途，现在多个国家在研制它。

拓展思考

1. 目前是什么原因限制了核动力飞机的发展？

2. 世界上曾经有哪些国家研制成功了核动力飞机？它们的名称又是什么？

3. 太阳能飞机在夜间靠什么动力飞行？

4. 空天飞机有什么用途？

积极探索

——人类对飞行的追求

　　我们的古人一直都对天宇、太空有着美好的憧憬和梦想。嫦娥奔月、夸父追日、女娲补天的传说，敦煌壁画中高飞入云的神女，无数星相学家凝望星辰的感悟笔录，都是我国古人飞天梦想的记录。在古希腊神话传说中，有这样一个著名的故事：建筑师代达罗斯和他的儿子伊卡洛斯为逃脱米诺斯国王的囚禁，用蜡和羽毛为自己制造了翅膀，飞逃了出来。但后来儿子忘记了父亲的警告，飞得离炽热的太阳太近，结果蜡翼熔化使伊卡洛斯坠入大海。本章内容展现了人类早期在飞行上的探索，主要讲述了早期的飞行玩具竹蜻蜓、风筝、早期的载人飞行工具热气球及飞机的发明。

古老智慧——竹蜻蜓

竹蜻蜓是我国古老的玩具之一，具有悠久的历史。玩竹蜻蜓时，用双手掌夹住竹柄，快速一搓，双手一松，竹蜻蜓就飞向了天空。旋转的竹蜻蜓会飘向远方，然后落到地面。这种简单而神奇的玩具，曾令西方传教士惊叹不已，将其称为"中国螺旋"。

竹蜻蜓的历史

竹蜻蜓是由竹子制成，其外形像字母 T，横的叶片像螺旋桨，当中有一个小孔，其中插一根笔直的竹棍子。

据说公元前500年，中国人从对蜻蜓飞翔的观察中受到启示就制成了会飞的竹蜻蜓，2000多年来一直是中国孩子手中的玩具。18世纪传到欧洲，启发了人们的思路，被誉为"航空之父"的英国人乔治·凯利一辈子都对竹蜻蜓着迷。他由竹蜻蜓的飞行原理，悟出螺旋桨的一些工作原理。他的研究推动了飞机研制的进程，并为西方的设计师带来了研制直升机的灵感。

名人介绍——航空之父乔治·凯利

◆乔治·凯利

乔治·凯利（1773—1857）被公认为飞机的创始人，被后人誉为"航空之父"。他为重于空气的航空器创立了必要的飞行原理，他1809年的论文《论空中航行》被后人视为航空学说的起跑线，近200年来，一直被翻印、转载，成为航空学说的经典。

然而这位伟大的航空学奠基人，生前却遭到无数的冷嘲热讽，当时的人们认为，"假如上帝要人飞，他创造人的时候就会给人一双翅膀了！"

乔治·凯利23岁时，在科学计算的基础上制作出第一个飞行器械——相对旋转的直升机模型。26岁时，凯利又设计出了几乎已具备现代飞机主要部件的飞行器草图。大约在1801年，乔治·凯利研究了鸟的推动力，并于1804年在旋转臂上试验了一架滑翔机模型。在随后的时间里，这位伟大的先驱者曾多次制造了改进型的滑翔机原型机。

凯利坚信，只要能找到合适的发动机，他的飞行器一定可以高飞。为了自己的信念，晚年的凯利仍在进行自己的试验。1858年，84岁的凯利在临终前仍在工作间内敲敲打打，希望制成一台轻质量的发动机，但这个梦想终究未能在他的手中实现。

凯利临终前曾写道："查看笔记的朋友，我已去了，愿你在这些涂鸦中寻找出智慧的火种。"他的论文《论空中航行》的确照亮了后人，受到莱特兄弟等人的推崇。

竹蜻蜓的飞行原理

竹蜻蜓的叶片和水平旋转面之间有一个倾角，当旋翼旋转时，旋转的叶片将空气向下推，形成一股向下的风，而根据力的相互作用原理知道：空气也给竹蜻蜓一股向上的反作用升力。当升力大于竹蜻蜓的重量时，竹蜻蜓便可向上飞起。

广角镜——人类对飞天的向往——敦煌飞天

敦煌飞天是敦煌莫高窟的名片，是敦煌艺术的标志。只要看到优美的飞天，人们就会想到敦煌莫高窟艺术。敦煌莫高窟492个洞窟中，几乎窟窟画有飞天。据常书鸿先生在《敦煌飞天》艺术画册序言中说："总计4500余身"，可以说是全世界佛教石窟寺庙中，保存飞天最多的石窟。

◆敦煌飞天石窟图

敦煌飞天是具有中国文化特色的飞天，它是不长翅膀、不生羽毛、没有圆光、借助彩云而不依靠彩云，主要凭借飘逸的衣裙、飞舞的彩带而凌空翱翔的飞天。敦煌飞天是中国艺术家最天才的创作，是世界美术史上的一个奇迹。

动动手——自己做竹蜻蜓

◆做好的竹蜻蜓

材料：长15厘米、宽2厘米、厚0.6厘米的削平竹片或轻质木块一块，长约14厘米小竹棒一根。

工具：小锯、美工刀、直尺、手摇钻和快干胶水。

步骤：

1. 取轻质木块一块，用小锯等工具把它加工成长15厘米、宽2厘米、厚0.6厘米的木片。

2. 用直尺测量木块中心位置点，并用笔在中心位置点作一记号。

3. 在木块的中心位置用手摇钻打一个小孔。

4. 将木块的两端用美工刀削成斜面。

5. 取一支长约 14 厘米的木棒，上端削成合适大小，涂上胶水后插入竹片中心孔中。

6. 搓动竹蜻蜓下端的竹棒进行试飞。

轶闻趣事——中国古代的直升机

◆做好的竹蜻蜓

公元 17 世纪中国苏州巧匠徐正明，整天琢磨小孩玩的竹蜻蜓，想制造一个类似蜻蜓的直升机，并且想把人也带上天空。经过十多年的钻研，他造出了一架直升机。它有一个竹蜻蜓一样的螺旋桨，驾驶座像一把圈椅，依靠脚踏板通过转动机构来带动螺旋桨转动，试飞时候，它居然飞离地面一尺多高，还飞过一条小河沟，然后落下来。

拓展思考

1. 请叙述竹蜻蜓飞行的原理？

2. 乔治·凯利在研制飞行器时遇到的最大困难是什么？

3. 现在哪种飞行器的原理来自于竹蜻蜓？

放飞理想——风筝

风筝源于春秋时代，至今已2000余年。我们的祖先创造了许多反映人们对美好生活向往和追求、寓意吉祥图案的风筝。当今，放飞风筝已是我国一项老少皆宜的活动，每到春天我们可以在田野的上空看到各种漂亮的风筝。我国的放风筝活动，还在对外文化交流，加强与世界各国人民友谊，发展经济和旅游事业中发挥着重要作用。

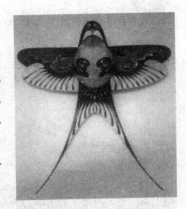

风筝的起源

风筝真正的起源，现在已无法查考。有些民俗学家认为，古人发明风筝主要是为了怀念过世的亲友，所以在清明节鬼门短暂开放时，将慰问故人的情意寄托在风筝上，传送给死去的亲友。

风筝，古时称为"鹞"，北方谓"鸢"。大多数的人认为风筝起源于中国，而后广传于全世界，是一种传统的民间工艺品。

◆木鸢

实际上，中国最早出现的风筝是用木材做的。直至东汉蔡伦发明造纸术后，坊间才开始以纸做风筝，称为"纸鸢"。因此可以推断，中国风筝已有 2000 年以上历史了。

直到公元 13 世纪，意大利人马可波罗从中国返回欧洲后，风筝才开始在西方传播开来。又从其他考据证实，约在 10 世纪传至韩国再至日本，13、14 世纪才传至欧洲。

广角镜——风筝载人试验

◆风筝载人

2009 年 10 月 25 日下午，汕头市澄海人陈旺松用自制的 140 米长龙头蜈蚣风筝成功将一名 37 千克重的六年级小学生载离地面高达 2 米，这位土生土长的"风筝王"第一次成功放飞"载人风筝"。

陈旺松原先是个农民，20 年前开始制作风筝。他突破过世界最长风筝成功放飞的纪录，即 2008 年成功放飞了长度超过 4000 米的串式风筝后，开始筹备更令人惊讶的"创举"——放飞"载人风筝"！

140 米长的自制风筝，龙头蜈蚣身，陈旺松把它叫作"龙头蜈蚣"。"蜈蚣"的身子由 148 片直径约为 0.4 米的单片组成，每片粘有竹枝羽毛，颜色鲜艳相当抢眼。放飞时几十人分工合作，检查完拉线和"龙头"后，陈旺松开始指挥大家共同托起风筝，然后拽动风筝线，拉升、放手，反复几次过后，风筝成功放飞。

放飞"龙头蜈蚣"不难，决定成败的是"载人"。还在读小学六年级的男孩陈含章自告奋勇要做"飞天勇士"，他的体重是 37 千克。待到风筝飞行状态稳定，陈旺松果断地让小勇士坐上秋千，然后指挥 8 名拉风筝的壮汉边跑动边用力牵动风筝以提高升力。

只见风筝拉动"龙头"下挂着的秋千缓缓上升，男孩陈含章手扶拉绳安坐其上离开了地面。"上去了！上去了！"在场围观的过百人齐声喝彩。"本来还可以飞得更高，但是为了安全只能让孩子离地2米以内。"陈旺松说。

几分钟后，孩子安全着地。"刚坐上去当然有点怕啊，不过坐得稳就不心慌了。"陈含章开心地说。他成了第一个坐这个风筝飞天的人。

知识窗

"四面楚歌"成语的由来

公元前190年，楚汉相争，汉将韩信攻打未央宫，利用风筝测量未央宫下面的地道的距离。而垓下之战，项羽的军队被刘邦的军队围困，韩信派人用牛皮作风筝，上敷竹笛，迎风作响（一说张良用风筝系人吹箫），汉军配合笛声，唱起楚歌，涣散了楚军士气，这就是成语"四面楚歌"的故事。

点击——放飞风筝，揭开天电神秘面纱

1745年，荷兰莱顿大学的物理学教授马森希罗克发明了莱顿瓶，使摩擦生成的电可以被储存起来，不久这项发明便传到了美洲。富兰克林得到朋友赠送的一只莱顿瓶，便开始了对电现象的研究。

1752年7月的一天，美国费城的上空阴云密布。富兰克林叫上儿子威廉，带上莱顿瓶，跑到田野上放风筝。随着一阵电闪雷鸣，大雨倾盆。为防止将电引到自己身上，富兰克林用一块干绸巾包住拉风筝线的手，并且在风筝线上挂上一把铜钥匙准备引电用。

当他感到拉风筝线的手有些麻木的感觉时，就把另一只手的手指靠近铜钥

◆富兰克林雨天放风筝

匙，顷刻之间，钥匙上射出一串串火花。

富兰克林赶紧将手指抽回，无限的欢乐也像电流一样传遍他的全身。他顾不得危险，让儿子拿出莱顿瓶，将铜钥匙移近莱顿瓶的金属球，直接给莱顿瓶充了电。就这样，过去神秘而可怕的天电被富兰克林装进了瓶子。

事后，富兰克林用收集起来的天电做了一系列实验，结果证明它的性质与发电机产生的电完全相同。富兰克林的风筝实验其实是很危险的，在富兰克林实验后的第二年，一个叫李赫曼的俄国人也学着富兰克林做这个实验，结果当场被电死。

风筝飞行的原理

风筝上天有两个必要的条件：风筝要在有风的天气才能放飞；风筝得有提线的牵引，"断线的风筝"在短暂的飘远之后必定会掉下来。

风筝在飞行的过程中受到风的扬力、重力、绳子的拉力三个力的作用。风的扬力是风筝能够上升的原因。空气遇到风筝时会分成上下流层。通过风筝下层的空气受风筝面的阻塞，空气的流速减低，气压升高；上层的空气流通舒畅，流速增强，致使气压减低；扬力即是由这种气压之差而产生的，这正是风筝能够上升的原因。

风筝在空中的受力：风基本上是水平方向吹的，而风筝受风的角度和上扬力的大小，可以由提线方便地控制。几次练习后放风筝者会很快掌握控制风筝的技巧；放风筝的时候，一般是一抽一放。抽的时候，因为风筝提线一般放在风筝面靠上的位置，加大牵引力可以控制风筝角度变小，上扬力增加，风筝稳步上升；放的时候，即作用于风筝上的牵引力变小，在风力和扬力的合力作用下，风筝会飞高飞远，但是必须很快又抽，以再次保持风筝的角度稳定。

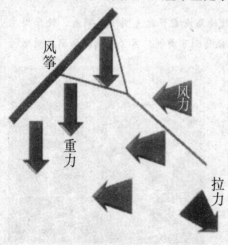

◆风筝飞行中受力情况

拓展思考

1. 注意观察你身边的风筝，说说有哪些形状的风筝？
2. 你能说出哪些跟风筝有关的科学实验？
3. 中国有哪六大风筝产地？
4. 请你说说风筝与人的健康的关系？

一飞冲天——古代火箭

　　大家都放过爆竹吧，点燃后的爆竹为何能冲上高空呢？原来是用到了火药爆炸所产生的推力。古代火箭也是利用了火药爆炸产生推力这个原理。现代航天事业的火箭、军用运载火箭等就源于古代火箭。

火箭的出现

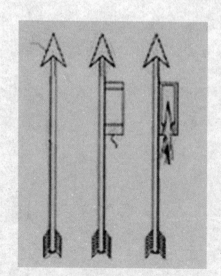

◆火箭示意图

　　火药是中国古代的四大发明之一，在唐代发明火药之后，宋代有人把装有火药的筒绑在箭杆上，或在箭杆内装上火药，点燃引火线后射出去，箭在飞行中借助火药燃烧向后喷火所获得的推力使箭飞得更远，人们又把这种喷火的箭叫作火箭。这种向后喷火获得推力的箭，已具有现代火箭的雏形，可以称之为原始的固体火箭。

　　现代火箭是以向后喷出高速气流从而获得向前推力的装置。

讲解——带火的箭

"火箭"一词最早出现在公元3世纪的三国时代，距今已有1700多年的历史了。当时在敌我双方的交战中，人们把一种头部带有易燃物、点燃后射向敌方、飞行时带火的箭叫作火箭。

这是一种用来火攻的武器，实质上只不过是一种带"火"的箭，在含义上与我们现在所称的火箭相差甚远。

◆带火的箭

火箭的发展

到了元、明时代，原始的火箭经过改进后，广泛地用于军事。火箭兵器在战争中有了很大发展，并发明了许多与现代火箭类型相近的火箭，相继出现了二虎追羊箭、九龙箭、一窝蜂等火箭，这些都利用了火箭多级串联或并联即捆绑的技术。

明代是我国火箭技术迅速发展的时期，军事技术家制成多种利用火药推进的火箭，用于战争。明代史籍中记载了多种火箭武器，重要的有震天雷炮、火龙出水、神火飞鸦、万人敌等。

◆神火飞鸦

广角镜——火龙出水

　　"火龙出水"是以 4 个火药筒作为推进器的二级火箭，其结构原理是以 1.665 米长的竹筒为龙身，竹筒前后端装置木质雕刻制成的龙头与龙尾，龙头的口部向上，龙腹内装有几支火箭，将火箭的药线连在一起，由龙头下部的孔中引出。同时，在龙身（竹筒）外的前部和后部各斜装着两个火箭筒，并把它们的药线也连在一起，然后将龙腹内火箭的总药线连在龙身外火箭筒底部。

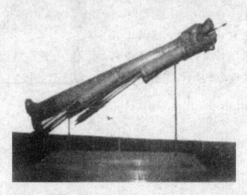

◆火龙出水

　　实战时，水军士兵点燃龙身外前部的两个火箭筒即第一级火箭，用来推动龙身在水面上飞行，待火药快燃完时，就自动引燃后部两个火箭筒即第二级火箭继续燃烧推进，火箭筒里的火药燃完则自动引燃药线，通过龙头下部孔口引燃龙腹内的火箭。火龙昂头张嘴呼啸着，疾进中进映出闪闪的火花，火箭飞射致使敌舰人船俱焚。

小博士

　　明初，朱元璋第四子燕王朱棣在夺取政权的"靖难之役"中，于河北的白沟河与建文帝的部队作战时，遭到"一窝蜂"火箭的射击，这是中国最早将"喷气火箭"用于战争的记载。

小知识——现代火箭

现代火箭自身携带燃烧剂与氧化剂，不依赖空气中的氧助燃，既可在大气中又可在外层空间飞行。火箭用于运载航天器的叫航天运载火箭，是用来发射人造卫星、载人飞船、空间站的运载工具，以及作为其他飞行器的助推器等。用于运载军用炸弹的叫火箭武器或导弹。

◆导弹发射

拓展思考

1. 中国古代最早的火箭出现在什么时候？
2. 中国古代历史上出现了哪几种类型的火箭武器？
3. 火箭飞行的原理你知道吗？请用自己的语言描述一下。

轻于空气的航空器——飞艇

飞艇是一种轻于空气的航空器，是人类早期用来载人飞行的工具。它通常有较大的体积，内部充有比空气轻的气体，利用空气对它的浮力而实现上升。它与气球最大的区别在于具有推进和控制飞行状态的装置。

◆飞艇

飞艇的结构

飞艇由巨大的流线型艇体、位于艇体下面的吊舱、起稳定控制作用的尾面和推进装置组成。艇体的气囊内充以密度比空气小的浮升气体（氢气

◆飞艇载客舱

或氢气），借以产生浮力使飞艇升空。吊舱供人员乘坐和装载货物。尾面用来控制和保持航向、俯仰的稳定。

　　一般飞艇可分为三种类型：硬式飞艇、半硬式飞艇和软式飞艇。硬式飞艇是由其内部骨架（金属或木材等制成）保持形状和刚性的飞艇，外表覆盖着蒙皮，骨架内部则装有许多为飞艇提供升力的充满气体的独立气囊。半硬式飞艇要保持其形状主要是通过气囊中的气体压力，另外部分也要依靠刚性骨架。软式飞艇通常由外蒙皮形成的气囊及吊在气囊下的、载人和载物的吊篮组成。

万花筒

　　20 世纪 20 年代，一艘意大利制造的飞艇从挪威前往阿拉斯加的途中穿过了北极点，这是人类历史上第一架到达北极点的飞行器。

原理介绍

飞艇的升力及其优点

　　飞艇获得的升力主要来自其内部充满的比空气轻的气体，如氢气、氦气等。现代飞艇一般都使用安全性更好的氦气来提供升力，另外飞艇上安装的发动机提供部分的升力。发动机提供的动力主要用在飞艇水平移动以及艇载设备的供电上，所以飞艇相对于现代喷气飞机来说节能性能较好，而且对于环境的破坏也较小。

广角镜——孔明灯

　　孔明灯又称天灯，相传是由三国时的诸葛孔明所发明。当年，诸葛孔明被司马懿围困于阳平，无法派兵出城求救。孔明算准风向，制成会飘浮的纸灯笼，系上求救的信息，其后果然脱险，于是后世就称这种灯笼为孔明灯。另一种说法则是这种灯笼的外形像诸葛孔明戴的帽子，因而得名。

其原理为，点上蜡烛后，灯内的空气受热后密度减小，此时外界空气产生的向上升力大于灯的重力，所以会漂浮起来，类似于热气球的原理。

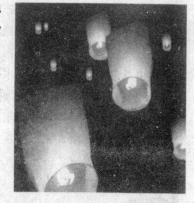
◆放飞的孔明灯

飞艇的发展历史

1784 年，法国人罗伯特兄弟制造了一艘人力飞艇，长 15.6 米，最大直径 9.6 米，充氢气后可产生 1000 多千克的升力。罗伯特兄弟认为，飞艇在空中飞行和鱼在水中游动差不多，因此，把它制成鱼形。那年 7 月 6 日进行试飞，当气囊充满氢气后，飞艇冉冉上升，随着高度的增加，大气压逐渐降低，囊内氢气膨胀，气囊越胀越大，眼看就要胀破，这可把罗伯特兄弟吓坏了，他们赶紧用小刀把气囊刺了一个小孔，才使飞艇安全降到了地面。

这次试验启示人们，应当在气囊上留一个放气阀门。2 个月后，兄弟俩又对飞艇进行了改装，作了第二次飞行。这次飞行由 7 个人划桨作动力，飞行了 7 个小时，但只飞了几公里。虽然飞行速度很慢，但它毕竟是人类第一艘有动力的飞艇。

◆飞艇起飞

1872 年，法国人特·罗姆制成了一艘用螺旋桨代替划桨的人力飞艇。飞艇长 36 米，最大直径 15 米。加上吊舱，高达 29 米，可载 8 人。螺旋桨直径 9 米，几个人轮流转动螺旋桨，使其产生动力，推动飞艇前进，速度达每小时 10 公里，比划桨的飞艇好多了。

不久之后，另一个法国人卡奴·米亚从自行车受到启发，设计了一种脚踏式螺旋桨飞艇。这种单人飞艇在无风时可以短时间飞行，速度可达每小时 16 公里，比起手转螺旋桨飞艇又快了许多。

◆广告飞艇

在飞艇发展史上，德国的退役将军菲迪南德·格拉夫·齐柏林是一个重要人物，他是硬式飞艇的发明者，被后人称为"飞艇之父"。1900 年，齐柏林制造了第一架硬式飞艇。它的最大特点是有一个硬的骨架，骨架是由一根腹部纵向大梁和 24 根长杆及 16 个框架构成，并使用了大量纵向和横向拉线，以增强结构强度。

20 世纪 70 年代以来，由于科学技术的进步，飞艇改用安全的氦气，其发展又呈活跃。采用多种新技术的新型飞艇被用于空中摄影摄像、巡逻等方面，洛杉矶、首尔和巴塞罗那奥运会及北京奥运会都可在会场上空看见它的身影。

 动动手——动手做孔明灯

◆制作简易孔明灯

工具和材料： 塑料袋、剪刀、尖嘴钳、棉线、工业酒精、502胶、棉花、竹条、废电线。

步骤：

1. 用竹条把准备好的塑料袋撑开。

2. 用尖嘴钳把废电线外面的绝缘层去掉就可以得到细铜丝。利用铜丝做个圆环，把它固定在塑料袋口上。

3. 利用铜丝在圆形塑料袋口上做个十字形燃烧架。不过，铜丝不能太细，否则容易烧断，可以用3根铜丝拧在一起避免这个问题。

4. 在燃烧架上放上浸泡过酒精的棉花，用火柴点燃棉花。

注意事项： 孔明灯必须要在无风的天气和空旷的场地上放飞，否则不但不能飞上天，而且可能会引起火灾。放飞时，需要2～3人的共同协力，必须要有成年人陪同。另外，可以在孔明灯底部拴上线，这样既可以重复放飞，又能控制起飞高度和范围，避免引起火灾。

拓展思考

1. 有哪三种类型的飞艇？
2. 飞艇升空的基本原理是什么？
3. 你在生活中见过哪些形状及类型的飞艇？

空中的飞鸟——滑翔机

滑翔机是一种没有动力、重于空气的固定翼航空器。它通常借助外力使之升空。在无风情况下，滑翔机在下滑飞行中与空气发生相对滑动而获得前进动力，这种损失高度的无动力下滑飞行称滑翔。在上升气流中，滑翔机可像老鹰展翅那样平飞或升高，通常称为翱翔。滑翔和翱翔是滑翔机的基本飞行方式。现代滑翔机主要用于体育运动，分初级滑翔机和高级滑翔机。

◆载人滑翔机起飞

滑翔机的原理

飞机必须以升力克服重力、以推力克服空气阻力才能飞行。飞机产生升力是借助机翼截面拱起的形状，使流经机翼的空气由于机翼上、下方的流速不同而造成在机翼上方的气压较下方低。如此，下方较高的气压就将飞机支撑住，而能浮在空气中。这其实就是所谓的伯努利原理。

滑翔机没有引擎的动力，它

◆组装滑翔机

可以靠四种方式升空：①弹射器。弹射将滑翔机架设在弹力绳上并向后拉，由驾驶员给予信号后释放绳索而弹射出去。②汽车拖曳。将滑翔机系在车上拖曳达适当高度后，驾驶员将绳索松开。③绞车拖曳。与汽车拖曳相似，只是利用固定在地上以马达驱动的绞车来拉滑翔机。④飞机拖曳。以另一架有动力的飞机拖至一定的高度后，滑翔机脱离而自由翱翔。

滑翔机升空后，除非碰到上升气流，否则空气阻力会逐渐减缓飞机的速度，升力就会愈来愈小，重力大于升力，飞机就会愈飞愈低，最后降落至地面。为了让滑翔机能飞得又远又久，它就必须有很高的升力阻力比，这就是为什么滑翔机的机翼那么细长的原因。如何突破滞空时间以及飞行高度的纪录是滑翔机设计与制造的最大挑战。滑翔是一种需要高度技巧与飞行知识、借助自然能量遨游天空的运动。

知识窗

滑翔机的材料

滑翔机主要结构材料有：木材、层板、织物、铝合金和玻璃钢等。20世纪70年代以后出现了用碳纤维复合材料造的高级滑翔机。现代悬挂滑翔机的机翼大多为伞翼，其平面形状为三角形或矩形，在锥形骨架上铺有不透气的合成纤维布料。

滑翔机的种类

◆高空飞翔滑翔机

滑翔机的种类很多，根据材料结构、用途、性能、座位等不同情况各分为若干种。①按材料结构，可分为木质、金属、玻璃钢和混合结构滑翔机。②按用途，可分为研究、运输、训练和竞赛滑翔机。③按飞行性能，可分为初级、中级、高级滑翔机。为适应不同训练方式，又有单座、双座和多座的区别。初级滑翔机多为双座，操纵简单，容易掌握，滑翔高度比较低，是供初学者训练使用的。

中级滑翔机的性能介于初级和高级滑翔机之间，也称为过渡滑翔机，经过初级滑翔训练的驾驶员，为进行提高技术的训练，适于使用该机种。高级滑翔机包括纪录滑翔机、特技滑翔机，它具有最佳的飞行性能和良好的操纵性以及比较完善的仪表设备。④按竞赛级别，可分为标准级、公开级、15米级和俱乐部级滑翔机。

讲解——悬挂式滑翔机

悬挂式滑翔机是一种没有起落装置和座舱、驾驶员吊在升力面之下进行滑翔的简易滑翔机。悬挂式滑翔机按翼面结构，可分为两种：一种为硬机翼，形状像轻型的滑翔机；一种为伞翼。后一种在国际上发展较普遍。

1965年，美国宇航局工程师罗加洛设计了一种飞翼，当时是为了在地面回收人造卫星用的，因嫌体积大，没有被采用，以后经过他的改进，用于载人飞行，于是就发展成为以"罗加洛"命名的新型飞行器——悬挂式滑翔机。

◆悬挂式滑翔机

悬挂式滑翔机的起飞方法比较简单，驾驶员手举轻巧的伞翼，在地面迎风奔跑，或从山坡顺坡跑下，只要能掌握好伞翼的迎风角度就可以飞起来。这种滑翔机容易操纵，在一般情况下一天可学会操纵动作，数月即可做特技飞行。驾驶这种滑翔机，人在空中像鸟一样飞翔，若利用上升气流，可以飞得更高。

万花筒

悬挂滑翔机与体育运动

悬挂滑翔机比赛目前在一些国家已成为一项群众性的航空运动。国际上成立了悬挂滑翔协会，每两年举行一次国际竞赛，有定点、留空、飞行距离等竞赛项目。目前的留空时间纪录是19小时45分，飞行距离是150公里。

讲解——动力滑翔机

20世纪20年代以来，在一些工业发达的国家相继出现了动力滑翔机。这种滑翔机带有动力装置，能够自己起飞，在飞行中动力装置关闭后，仍能继续滑翔和翱翔，需要时还可以再次启动动力装置。现有一些国家将动力滑翔机列为正式机种，发给证书。动力滑翔机具有结构简单、速度低、安全、经济、易学的特点，适用于普及活动。由于动力滑翔机具有依靠自身的动力起飞的优点，使用场地较小，有利于加快训练进程、提高训练质量，是节约能源的一种较好的飞行器，所以受到从事航空运动的人们的欢迎。

名人介绍——德国工程师奥托·李林塔尔

李林塔尔是德国工程师和滑翔飞行家，世界航空先驱者之一。他最早设计和制造出实用的滑翔机，人称"滑翔机之父"。

李林塔尔1848年5月23日出生于安克拉姆，1896年8月10日死于柏林。他酷爱飞行，成年之后，他以业余时间系统观察飞鸟，并著有《鸟类飞行——航空的基础》一书。

李林塔尔注意积累数据，总结经验，纠正了前人很多的错误，为后来飞机的成功发明做出了决定性的贡献。

1891年，他制成一架蝙蝠状的弓形翼滑翔机，成功地进行了滑翔飞行，从而

◆奥托·李林塔尔

肯定了曲面翼的合理性。1894 年，李林塔尔从柏林附近的悬崖上起飞，成功地滑翔了 350 米远，这在当时是一个惊人的成绩。

◆奥托·李林塔尔于 1895 年的滑翔试验

但是李林塔尔过于重视升力，而忽视了对飞机的操纵。他认为改变身体重心的位置是保持飞机稳定的唯一办法，这一失误对他来说是致命的。1896 年，李林塔尔在飞行中突然遇到迎面突风，在他还未来得及将重心前移以使滑翔机低头之前，便和飞机一同坠落到了地面。李林塔尔于失事的当天去世。德国人为了纪念他的功绩，为李林塔尔树立了一座纪念碑，上面写着"最伟大的老师"。

拓展思考

1. 滑翔机按照飞行性能可以分为哪几种？

2. 你知道哪些有关滑翔机的体育比赛吗？

3. 你能讲出奥托·李林塔尔的其他故事吗？

飞机的缔造
——莱特兄弟发明飞机

现在人们能很方便地乘坐飞机出行，而我们在享受便捷的同时还要记住美国的两位兄弟。他们就是莱特兄弟——奥维尔（1871—1948）和维尔伯（1867—1912）。目前人们认为他们于1903年12月17日首次完成完全受控制、附机载外部动力、机体比空气重、持续滞空不落地的飞行，并因此将发明了世界上第一架实用飞机的成就归功于他们。

◆莱特兄弟

发明飞机的故事

美国的莱特兄弟是人类历史上第一架动力飞机的设计师，他们为开创现代航空事业做出了不朽的贡献。他们的故事在全世界广为传颂。

◆莱特兄弟放飞飞机

哥哥维尔伯·莱特出生于1867年4月，4年后，弟弟奥维尔·莱特出世。年幼时，这兄弟俩就已经显出对机械设计、维修的特殊能力。他们善于思考，富于幻想，每当他们闲暇时，兄弟俩要么讨论某一个机械的结构，要么就去看工匠们修理机器。他们手艺精巧，还经常做出好些有创新意义的小玩具，比如会自由转弯的雪橇等等。

一天，出差回来的父亲给莱特兄弟带来一件礼物：一个会飞的蝴蝶。父亲轻轻地给玩具上了上劲，小东西便在空中飞舞起来。小兄弟俩高兴得不得了，但是他们觉得它飞得不够远，于是仿造玩具的样子又做了几个更大一些的。这些仿制品有的能够飞越树梢，有的飞了几十米远，但兄弟俩的一个尺寸很大的仿制品却遭到了失败。但这没有让他们难过，反而激起了兄弟俩制造飞机的念头。

1894 年，莱特兄弟在代顿市开了一家自行车铺。由于他们俩工

◆莱特兄弟的飞机

第一个风洞仅是一个1.8米长、每边0.3米宽的木箱，箱子的一端，鼓风机以一定的速度向里吹气。与现代的高速风洞相比，它真是简陋至极。

作认真，手艺好，再加上价格公道，店铺的生意兴隆。富于创新精神的莱特兄弟当然不会满足于这些，他们不愿终生与这些自行车零件打交道，于是，他们决定开始去实现童年时的梦想。

莱特兄弟造飞机的想法得到了斯密森学会的赞赏。副会长写了一封热情洋溢的信件，并寄来了好多参考书籍。兄弟俩大受鼓舞，一有时间，他们就钻入书堆里如饥似渴地饱读着航空基本知识。很快，他们有了造飞机的能力。

1900 年10 月，他们的第一架滑翔机试飞了，但是，试飞的结果不尽如人意，飞机只能勉强升空而且很不稳定，问题出在哪儿呢？经过认真地分析才知道，原来他们所沿用的前人数据有理论上的错误。于是，他们制造了一个风洞，以便通过实验修正数据，设计飞机。根据风洞得出的数据，兄弟俩设计出的第三架滑翔机获得了成功，无论是在强风还是微风的情况下，它都可以安全而平稳地飞行。

广角镜——第一架飞机"飞行者1号"

莱特兄弟废寝忘食地工作着，不久，他们便设计出一种性能优良的发动机和高效率的螺旋桨，然后成功地把各个部件组装成了世界上第一架动力飞机。

莱特兄弟从 1896 年开始研究飞行，并立志制造出一架用引擎驱动的飞机。与其他飞行设计爱好者不同，他们很重视理论，并阅读了空气动力学方面的有关文献。为了读李林塔尔的著作，他们还顽强地学会了德文。

◆奥维尔驾机飞行

经过数年的反复摸索，莱特兄弟终于制造出了第一架飞机"飞行者1号"。

1903 年 12 月 17 日上午，奥维尔驾驶该机在北卡罗来纳州的基蒂霍克海滩成功地进行了一次动力飞行，飞行距离为 36 米，在空中逗留了 12 秒；随后，又由哥哥维尔伯作了一次飞行，结果在 59 秒内飞行了：3200 米。第一架飞机就这样诞生了。

莱特兄弟继续对飞机进行改进，于 1904 年和 1905 年分别造出了"飞行者 2 号"和"飞行者 3 号"，1905 年 10 月 5 日维尔伯驾驶的"飞行者 3 号"持续飞行了 38 分钟，航程达 39 公里。也就是说，"飞行者 3 号"实际上已经具有了实用功能。

莱特兄弟确信一个飞行器的时代已经来临。之后的几年，他们一面改进飞机性能，一面在世界各国作飞行表演，向人们显示人类飞行之梦已经成真。

知识库——莱特兄弟奖章

莱特兄弟奖章由美国自动工程师协会航空工程分会于1924年设立，用来奖励航空工程领域最佳论文的作者，授奖范围包括空气动力学、结构理论、飞机或航天器的研究、制造及驾驶等方面。参选论文必须是上一年间在航空工程分会或下属机构的会议上提交的论文，如果切合上述授奖主题的参选论文都不符合评选条件，这一奖章也可授予航空航天其他主题范围的最佳论文，评选论文的主要标准是它在学术上的创新性。所有在航空工程分会会议召开之前提交的论文都作为参选论文进行评选，

◆莱特兄弟奖章

获奖者获得一次奖之后要经过三年才有资格重新获奖。

以莱特兄弟命名的奖还有美国航空航天学会设立的"莱特兄弟航空学讲座"和英国皇家航空学会设立的"莱特兄弟纪念演讲"，这两项奖都是让获奖人发表航空学方面的演讲，通过这种方式对获奖人授予荣誉，同时也让与会者分享他的技术成果。莱特兄弟航空学讲座还颁发一枚奖章和一份奖状。

拓展思考

1. 讲讲莱特兄弟的成长历程？
2. 莱特兄弟发明的第一架飞机的名称是什么？第一次飞行了多远？
3. 用自己的语言阐述莱特兄弟对人类的贡献？

触摸蓝天

——飞机飞行原理及结构

飞机是人类在 20 世纪所取得的最重大的科学技术成就之一。在民用领域，它首先应用于交通运输事业，使人类大大扩展了自己的活动范围，把天涯海角联系在一起。1519 年，葡萄牙人麦哲伦驾驶帆船绕地球航行一周花了 3 年时间；1929 年 8 月齐伯林飞艇用 21 天 7 小时 34 分环球飞行一周，轰动了世界；而现在一架超音速客机，只用了约 33 小时就能绕地球一周。

现在，飞机在军事、民航上有着很重要的用途，已经成为人类不可缺少的工具及"朋友"。当你看到飞机在蓝天翱翔时，当你乘坐飞机穿越云层时，你是否会想到它为什么能够飞翔在空中吗？其原理又是什么呢？就让我们带着这个问题来阅读本章吧。

流动产生力——伯努利定理

生活中风迎面吹来，感到风会阻碍我们前进。流动着的气体及液体会对其中的物体产生力的作用，这个力的大小与流动液体的速度等因素有关。伯努利通过大量的试验及理论推导得出了流体对其中物体的力所满足的规律，这就是伯努利原理。

◆金鱼吹气球

气流和相对气流

空气的流动就是气流。有风的时候，我们会感到有空气的力量作用在身上；无风的时候，如果骑自行车飞跑，或乘敞篷汽车奔驰，同样会感到有空气的力量作用在身上。这两种情况虽有不同：前一个是空气流动，物体不动；后一个是空气静，物体运动。但实践告诉我们，只要空气与物体之间有了相对运动，也就是只要有

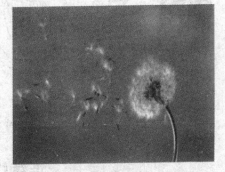

◆空气的流动

空气对于物体的相对流动，就会有空气动力产生。空气相对于物体的流动就是相对气流。事实证明，只要空气与物体之间的相对速度相同，即相对

气流速度相同，所产生的空气动力也就相同。

根据这个道理，我们在研究飞机空气动力的产生及变化时，就可以使飞机保持不动，而让空气以等于飞机的运动速度迎面流过飞机。这同实际飞行时飞机在静止空气中运动，现象上尽管有所不同，但本质上空气动力的产生和变化却完全一样。这就给我们研究问题带来很大方便。

流线和流线谱

◆流线模型图

◆流动的空气吹灭蜡烛

空气流过物体时，空气对其中的物体有力的作用，流过物体时的情形不同，产生的空气动力也就不同。所谓流线，就是空气团流动的路线。由许多流线所组成的流动图形我们称为流线谱。既然空气是沿着流线流动的，因此，空气不会从流线一边跑到另一边去，空气在两根流线间流动，就好像是在一根管子中流动一样。我们把由流线组成的管子叫作流管。两条流线间的距离缩小，就说流管收缩或变细了。两条流线间的距离扩大，就说流管扩张或变粗了。

空气流过物体的情况不同，流线谱就不同，产生的空气动力也就不同。

连续性定理

我们站在河岸观察河水流动时，会看到河水在浅而窄的地方流得快，在宽而深的地方流得慢。在山区还可看到，山谷里的风经常要比平坦开阔

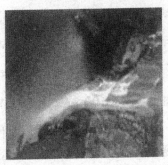

◆流水

的地方大。这些现象说明了流体的流速快慢与过道的宽窄有关。流体之所以在窄的地方流得快，在宽的地方流得慢，这是因为流体的流动总是连续不断的。我国唐代诗人李白写道："抽刀断水水更流"，就形象地写出了水流的连续性。

所谓流体的连续性定理是：当流体连续不断而稳定地流过一个粗细不等的管子时，由于管中任何一部分的流体都不能中断或挤压起来，因此在同一时间内，流进任一切面的流体质量和从另一切面流出的流体质量应该相等。

伯努利定理

1726年，伯努利通过无数次实验发现：流体速度加快时，物体与流体接触的界面上的压力会减小，反之压力会增加。为纪念这位科学家的贡献，这一发现被称为"伯努利效应"。伯努利效应适用于包括气体在内的一切流体，是流体作稳定流动时的基本现象之一。比如，管道内有一稳定流动的流体，在管道不同截面处的竖直开口细管内的液柱的高度不同，表明在稳定流动中，流速大的地方压强小，流速小的地方压强大。

◆小球为何没被水冲走

在地球表面重力场中的不可压缩均质流体，伯努利定理一般可用下面方程表示：$p + \frac{1}{2}\rho v^2 + \rho g h =$ 常量，式中 p、ρ、v 分别为流体的压强、密度和速度；g 为重力加速度。上式中各项分别表示单位体积流体的压力能 p、重力势能 $\rho g h$ 和动能 $\frac{1}{2}\rho v^2$。对于气体，可忽略重力，方程简化为 $p + \frac{1}{2}\rho v^2$ ＝常量。由表达式可以得到，流动中速度增大，压强就减小；速度减小，压强就增大；速度降为零，压强就达到最大。

广角镜——船吸现象

◆船吸现象

1912 年秋天，"奥林匹克"号正在大海上航行，在距离这艘当时世界上最大远洋轮 100 米处，有一艘比它小得多的铁甲巡洋舰"豪克"号正在向前疾驶，两艘船似乎在比赛，彼此靠得较近，平行着驶向前方。忽然，正在疾驶中的"豪克"号好像被大船吸引似地，一点也不服从舵手的操纵，竟一头向"奥林匹克"号闯去。最后，"豪克"号的船头撞在"奥林匹克"号的船舷上，撞出个大洞，酿成一件重大海难事故。

究竟是什么原因造成了这次意外的船祸？在当时，谁也说不清楚，据说海事法庭在处理这件奇案时，也只得糊里糊涂地判处船长处理不当呢！

后来，人们才算明白了，这次海面上的飞来横祸，是伯努利定理的现象。我们知道，根据流体力学的伯努利定理，流体的压强与它的流速有关，流速越大，压强越小；反之亦然。用这个定理来审视这次事故，就不难找出事故的原因了。原来，当两艘船平行着向前航行时，在两艘船中间的水比外侧的水流得快，中间水对两船内侧的压强，也就比外侧的水对两船外侧的压强要小。于是，在外侧水的压力作用下，两船渐渐靠近，最后相撞。又由于"豪克"号较小，它向两船中间靠拢时速度要快得多，因此，造成了"豪克"号撞击"奥林匹克"号的事故。现在航海上把这种现象称为"船吸现象"。

名人介绍——著名物理学家伯努利

伯努利，瑞士物理学家、数学家、医学家。1700年2月8日生于荷兰格罗宁根。著名的伯努利家族中最杰出的一位。他是数学家 J. 伯努利的次子，和他的父辈一样，违背家长要他经商的愿望，坚持学医，曾是一位外科名医。由于自幼受父叔兄弟学术思想的熏陶，最后还是转向研究数学和力学。伯努利在25岁时（1725年）就应聘为圣彼得堡科学院的数学院士。8年后回到瑞士的巴塞尔，先任解剖学教授，后任动力学教授，最后任物理学教授。他离开圣彼得堡之后，就开始了与欧拉之间最受人称颂的科学通信。他向欧拉提供最重要的科学信息，欧拉运用杰出的分析才能和丰富的工作经验，给予最迅速的回

◆伯努利

助。他们先后通信40年，最重要的通信是在1734~1750年。他们的通信录是了解伯努利的重要资料。

伯努利的贡献涉及医学、力学、数学，而以流体动力学最为著称。流体动力学这个学科就是由他命名的。他著有13章的《流体动力学》。他用流体的压强、密度和流速作为描写流体运动的基本物理量，写出了流体动力学的基本方程，后人称之为伯努利方程；提出了"流速增加、压强降低"的伯努利定理，他还提出把气压看成气体分子对容器壁表面撞击而产生的效应，建立了分子运动论和热学的基本概念，并指出了压强和分子运动随温度增高而加强的事实。从1728年起，他和欧拉还共同研究柔韧而有弹性链和梁的力学问题，包括这些物体的平衡曲线，还研究了弦和空气柱的振动。他曾因天文测量、地球引力、潮汐、磁学、洋流、船体航行的稳定、土星和木星的不规则运动和振动理论等成果而获奖。他在概率论方面也做了大量而重要的工作。他几乎对当时一切科学的第一线问题特别是航海中的问题都有重要贡献。他的父亲曾和他合作，分享有关行星轨道研究的奖励。1782年3月17日在巴塞尔逝世。

万花筒

伯努利家族

在科学史上，父子科学家、兄弟科学家并不鲜见，然而，在一个家族跨世纪的几代人中，众多父子兄弟都是科学家的较为罕见，伯努利家族3代人中产生了8位科学家，出类拔萃的至少有3位。

 动动手——飞机是怎么飞起来的？

◆吹纸实验

剪一条普通的纸，长14厘米、宽5厘米。把纸一端贴在你的下嘴唇上。好了，开始向下吹纸条，使它指向你的脚尖。

你看到的现象为：纸不是下垂，而是朝上指向你的鼻子。

看似简单的游戏，却是人类飞行技术的关键，这正是伯努利定理指示的空气的提升作用。当吹出的空气拂过纸上时，减少了纸面上的压力，在更强的大气压作用下，纸面下方的空气将纸向上推，进而使纸卷了起来。

工程师在设计飞机机翼时，正是应用了这一原理。在飞机起飞时，由于机翼，形状的变化，使得机翼上面的空气比下面流动得快。这样，机翼下侧的强大压力把飞机向上托，所以飞机就飞起来了。

 **拓展思考**

1. 你知道伯努利定理吗？请用自己的语言描述出来？

2. 为什么会有船吸现象？能解释其中的原因吗？

3. 伯努利主要的贡献是什么？

4. 请认真观察生活并举例与伯努利定理有关的现象？

同胞兄弟
——飞行中的升力和阻力

飞机为什么能翱翔蓝天呢？是因为飞机的机翼受到空气对它向上的升力作用。平时生活中我们迎风跑步时感到迎面吹来的风会阻碍我们前进，其中的道理是一样的。飞机飞行过程中升力和阻力是同时产生的，就像一对双胞胎一样。

◆数字模拟飞机周围气流

飞行中的升力

飞机的升力绝大部分是由机翼产生的，飞机其他部分产生的升力很小，一般不考虑。从下图我们可以看到：空气流到机翼前缘，分成上、下两股气流，分别沿机翼上、下表面流过，在机翼后缘重新汇合向后流去。机翼上表面比较凸出，流管较细，说明流速加快，压力降低。而机翼下表面，气流受阻挡作用小，流管变粗，流速减慢，压力增大。

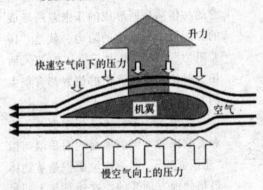

◆机翼上升力示意图

于是机翼上、下表面出现了压力差，垂直于相对气流方向的压力差的总和就是机翼的升力。这样，重于空气的飞机就能借助机翼上获得的升力克服自身因地球引力形成的重力，翱翔在蓝天上了。

飞行中的摩擦阻力

当两个物体相互滑动的时候，在两个物体表面就会产生与运动方向相反的力，阻止两个物体的运动，这就是物体之间的摩擦阻力。

当飞机在空气中飞行时，飞机也会受到空气的摩擦阻力，飞机所受的摩擦阻力是因为空气的黏性造成的。当气流流过物体时，由于黏性，空气微团与物体表面发生摩擦，阻滞了气流的流动，这就是物体对空气的摩擦阻力，反之，空气对物体也有摩擦阻力。

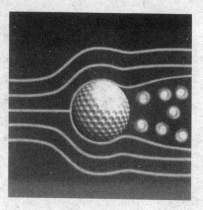

◆飞行中的球受到空气阻力

飞行中的压差阻力

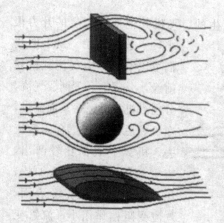

◆不同形状的物体周围气流分布

"压差阻力"的产生是由于运动着的物体前后所形成的压强差所形成的。压强差所产生的阻力、就是"压差阻力"。压差阻力与物体的迎风面积、形状和在气流中的位置都有很大的关系。

用刀把一个物体从当中剖开，正对着吹来的气流的那面的面积就叫做"迎风面积"。如果这块面积是从物体最粗的地方剖开的，这就是最大迎风面积。从经验和实验都不难证明：形

状相同的物体的最大迎风面积越大，压差阻力也就越大。

　　物体形状对压差阻力也有很大的影响，如左图比较了三种不同形状物体的"压差阻力"。把一块矩形平板，垂直地放在气流中。它的前后会形成很大的压差阻力。如果是圆球形物体在风中，气流可以平滑地流过，压强不会急剧升高，但圆球的后面还会有压强小的区域，此时阻力明显比平板要小很多。第三个物体为前端圆钝、后面尖细，像水滴或雨点似的物体，叫作"流线型物体"，简称"流线体"。在迎风面积相同的条件下，它在气流中所形成的压差阻力最小。这时阻力的大部分是摩擦阻力。除了物体的迎风面积和形状外，物体在气流中的位置也影响到压差阻力的大小。

飞行中的诱导阻力

　　在气流中机翼同一般物体相似，受到摩擦阻力和压差阻力。此外，它还受到"诱导阻力"。这是对机翼特有的一种阻力。因为这种阻力是伴随着机翼上举力的产生而产生的。也许可以说它是为了产生举力而付出的一种代价。

气流由下表面的高压区流向上表面的气压区

◆气流从下翼面绕过翼尖向上翼面流动

　　由实验可知：当飞机飞行时，下翼面压强大、上翼面压强小。由于机翼的长度是有限的，所以上下翼面的压强差使得气流从下翼面绕过两端翼尖，向上翼面流动。当气流绕过翼尖时，在翼尖那儿不断形成旋涡，旋涡就是旋转的空气团。随着飞机向前方飞行，旋涡就从翼尖向后方流动，并产生了向下的速度。向下的速度在两个翼尖处最大，向中心逐渐减小，在中心处减到最小。该速度与升力方向相反，由此产生诱导阻力。

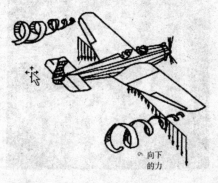

向下的力

◆旋转的空气团产生向下的力

知识库——大雁为何人字形飞行

◆大雁南飞

在日常生活中，也可观察到翼尖涡流的现象。例如大雁南飞，常排成人字或斜一字形，领队的大雁排在中间，而幼弱的小雁常排在外侧。这样使得后雁处于前雁翅梢处所产生的翼尖涡流之中。翼尖涡流中气流的放置是有规律的，靠翼尖内侧面，气流向下，靠翼尖外侧，气流是向上的即上升气流。这样后雁就处在前雁翼尖涡流的上升气流之中，有利于长途飞行。

飞行中的激波阻力

飞机在空气中飞行时，前端对空气产生扰动，这个扰动以扰动波的形式以音速传播，当飞机的速度小于音速时，扰动波的传播速度大于飞机前进速度，因此它的传播方式为四面八方；而当物体以音速或超音速运动

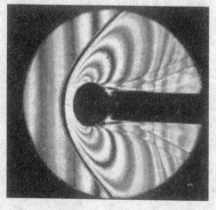

◆圆球形头部飞行器周围的激波

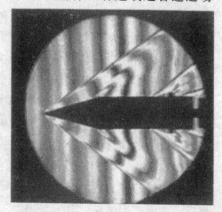

◆尖锥一柱形飞行器周围的激波

时，扰动波的传播速度等于或小于飞机前进速度，这样，后续时间的扰动就会和已有的扰动波叠加在一起，形成较强的波，空气遭到强烈的压缩、而形成了激波。

该激波会阻碍飞机向前飞行，并且该阻力对于飞机的飞行性能有很大的影响，特别是在高速飞行时，激波和波阻的产生，对飞机飞行性能的影响更大。例如当飞行速度在音速附近时，根据计算，波阻可能消耗发动机大约全部动力的四分之三。

波阻的大小同激波的形状有关，而激波的形状在飞行速度不变的情况下，又主要取决于物体或飞机的形状，特别是头部的形状。在飞行速度超过声音的速度时，如果物体的头部尖削，像矛头或刀刃似的，形成的是斜激波；如果物体的头部是方楞的或圆钝的，在物体的前面形成的则是正激波。正激波比斜激波具有更大的阻力。

飞行中的干扰阻力

飞机上除了摩擦阻力、压差阻力和诱导阻力以外，还有一种叫作"干扰阻力"。所谓"干扰阻力"就是飞机各部分之间由于气流相互干扰而产生的一种额外阻力。

如右图所示，气流流过机翼和机身的连接处，由于机翼和机身两者形状的关系，在这里形成了一个气流的通道。在 A 处气流通道的截面积比较大，到 C 点翼面最圆

◆飞机中的阻力

拱的地方，气流通道收缩到最小，随后到 B 处又逐渐扩大。根据流体的连续性原理和伯努利定理，C 处的速度大而压强小，B 处的速度小而压强大，所以在 CB 一段通道中，气流有从高压区 B 回流到低压区 C 的趋势。这就形成了一股逆流。但飞机前进时不断有气流沿通道向后流，遇到了后面的这股逆流就形成了气流的阻塞现象，使得气流开始分离，而产生了很多旋涡。这些旋涡表明气流的动能有了消耗，因而产生了一种额外的阻力，这

一阻力是气流互相干扰而产生的，所以叫作"干扰阻力"。不但在机翼和机身之间可能产生干扰阻力，而且在机身和尾翼连接处、机翼和发动机短舱连接处，也都可能产生。

从干扰阻力产生的原因来看，它显然和飞机不同部件之间的相对位置有关。如果在设计飞机时，仔细考虑它们的相对位置，使得它们压强的增加不大也不急剧，干扰阻力就可减小。另外，还可以采取在不同部件的连接处加装流线型的"整流片"的办法，使连接处圆滑过渡，尽可能减少旋涡的产生，也可减少"干扰阻力"。

动动手——模拟飞行的原理

飞机是靠机翼的上下气压差来提供升力的，因为只要飞机向前运动，机翼下方的气压会大于机翼上方的气压。当空气流经机翼时，上方的空气因在同一时间内要走的距离较长，所以跑得比下方的空气还要快，造成在机翼上方的气压会较下方的低。由于，机翼上方的空气压力比机翼下方的空气压力要小，于是下方较高的气压就将飞机撑起来，形成能使飞机浮在空气中的"浮力"。

◆气流示意图

如果两手各拿一张薄纸，然后用嘴向这两张纸中间吹气，如右图所示。你会看到，这两张纸不但没有分开，反而相互靠近了，而且用嘴吹出的气体速度越快，两张纸就越靠近。

从这个现象可以看出，当两纸中间有空气流过时，压强变小了，纸外侧压强比纸内侧的大，内外的压强差就把两纸往中间压去。中间空气流动的速度越快，纸内外的压强差也就越大。

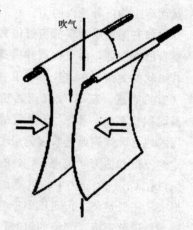
◆两张纸在内外压强差作用下靠拢

拓展思考

1. 请用自己的语言描述飞机飞行过程中的升力是怎么产生的？

2. 飞机飞行过程中有哪些阻力？其名称各是什么？

3. 请用书本上的知识解释为什么飞机的头部设计成尖型？

一较高低
——飞机的主要飞行性能

国庆阅兵时我们看到一群群飞机在天安门上空呼啸而过，专业飞行表演队的飞机编队一会儿排成一个人字形，一会儿直插云霄并在空中绘制出美丽的图案。优秀的飞行员们驾驶着国产先进的战机在向世界宣布中华民族的崛起。

飞机的飞行性能是飞机好坏的主要标志，下面就让我们来领略它们吧。

◆飞机飞行表演

最大平飞速度

飞机的最大平飞速度是在发动机最大推力时，飞机所获得的平飞速度。影响飞机最大平飞速度的主要因素是发动机的推力和飞机的阻力。

由于发动机推力、飞机阻力与高度有关，所以在说明最大平飞速度时，要明确是在什么高度上达到的。通常飞机不用最大平飞速度长时间飞行，因为耗油太多，而且发动机容易损坏，缩短使用寿命。除作战或特殊需要外，一般以比较省油的巡航速度飞行。

◆飞机追赶

对歼击机来说，速度性能指标更重要一些。歼击机靠它来追上敌机，予以歼灭。同时也靠它变被动为主动。创造世界速度纪录的飞机，都是以最大平飞速度作为评定标准，其速度单位是"公里/小时"。

巡航速度

飞机所装发动机每公里消耗燃油最小情况下的飞行速度称为巡航速度。

◆战机巡航飞行

在航空界，一般把适宜于持续进行的、接近于定速飞行的飞行状态称之为巡航，这时飞机的飞行最经济，航程也最远，发动机也不太"吃力"。对于远程轰炸机和运输机来说，巡航速度也是一项重要的性能指标，其单位也是"公里/小时"。在此状态下的参数称为巡航参数，如巡航高度、巡航推力等等。

巡航状态不是唯一的，每次飞行的巡航状态都取决于许多因素，如气象条件、装载、飞行距离、经济性等等。因此，各次飞行所选定的巡航速

◆客机巡航飞行

度常有所不同。同样是巡航，由于任务要求不一样，选定的巡航速度也就不一样。例如航程巡航、航时巡航、给定区间最小燃料消耗巡航等，虽然都要求飞机以比较省油、比较经济的速度巡航，但这些指标是有差别的。航程巡航要求飞机能以航程最远的巡航速度飞行；航时巡航则要求飞机能以留空时间最长的巡航速度飞行等等。

爬升率

爬升率又称爬升速度，是各型飞机，尤其是战斗机的重要性能指标之一。它是指飞行器在单位时间内增加的高度，其计量单位为"米/秒"。飞机在某一高度上，以最大油门状态，按不同爬升角爬升，所能获得的爬升

◆战机爬升

◆歼—10战机短距离爬升

率的最大值称为该高度上的"最大爬升率"。

　　飞机的爬升性能与飞行高度有关，高度越低，飞机的最大爬升率越大，高度增加后，发动机推力一般将减小，飞机的最大爬升率也相应减小。飞机达到最大高度时，爬升率等于零。

　　科技链接

　　F—16战斗机在海平面的最大爬升率高达305米/秒，高度1000米时，降至283米/秒，高度为10000米时，则降至100米/秒，当高度达到17000米时，其最大爬升率只有12米/秒。

　　链接

歼—10的爬升能力

　　美国前海军陆战队少将布莱恩特曾飞过世界上最快的战斗机米格—25，他在接受《环球时报》记者专访的时候说："歼—10的爬升率令人吃惊，几乎能赶上美国的F—22。"

飞机的升限

飞机上升所能达到的最大高度，叫做升限。

当飞机的飞行高度逐渐增加时，空气的密度会随高度的增加而降低，从而影响发动机的进气量，进入发动机的进气量减少，其推力一般也将减小。达到一定高度时，飞机因推力不足，已无爬高能力而只能维持平飞，此高度即为航空器的升限。"升限"对战斗机是一项重要性能。歼击机升限比敌机高，就可居高临下，取得主动权。

◆飞机高空飞行

飞机的升限有两种：一种叫理论升限，它指爬升率等于零时的高度，没有什么实际意义；常用的是"实用升限"。所谓"实用升限"就是飞机的爬升率等于每秒 5 米时的高度。此外还有动力升限，它是靠动能向上冲而取得最大高度的。

航程及续航时间

航程是指飞机一次加油所能飞越的最大距离。用巡航速度飞行可取得最大航程。增加航程的主要办法是多带燃料、减小发动机的燃料消耗和增大升阻比。航程远，表示飞机的活动范围大。对军用飞机来说，可以直接威胁敌人的战略后方，远程作战能力强；对民用客机和运输机来说，可以把客货运到更远的地方，而减少中途停留加油的次数。

◆飞机空中加油

续航时间是指飞机一次加油，在空中所能持续飞行的时间。这一性能对侦察机、海上巡逻机和反潜机是很重要的；歼击机的续航时间长，也有利于对敌作战。增加续航时间的措施与增加航程的措施相类似。现代作战飞机大多挂有副油箱，就是为了多带燃料，以增大航程和航时。某些飞机为了增大航程，可用空中加油的办法，在飞行途中由加油机补给燃料。

作战半径

作战半径的大小与飞机的飞行高度、速度、气象条件、编队大小、战斗任务和实施方法等因素有关。

◆飞机空中加油续航

作战半径是指战机携带正常作战载荷，在不进行空中加油的情况下，自机场起飞，沿指定航线飞行，执行完任务后返回原机场，所能达到的最远距离。它小于 1/2 航程。作战半径是衡量飞机战术技术性能的主要指标之一。计算作战半径时，应从载油量中扣除地面耗油、备份油量和战斗活动所需油量。

中国的现役战机自身的作战半径一般是几百公里，而在中国空军掌握空中加油技术后作战半径大增。像 J-10 飞机的作战半径本来只有 800 公里左右，可是在进行空中加油后可以达到 1000 多公里，因此空中加油技术是扩展飞机作战半径的有力手段，也是衡量该国是否是空军强国的重要因素之一。

拓展思考

1. 请用自己的语言描述飞机飞行的主要性能？

2. 你奔跑的最大速度是多少？普通客机机飞行的速度是多少？战斗机的飞行速度又是多少？

3. 查资料说明我国目前最先进的战机是什么？它的最大爬升率是多少？

质的飞跃——冲破音障

自从飞机诞生以后，航空专家就千方百计地要飞机飞得快，到 1939 年飞机的飞行速度达到了 755 公里/小时，可是再提高飞行速度就很难了，这是为什么呢？我们读完了本节之后就会明白。

◆飞机冲破音障

音障现象

音障是一种物理现象，当航空器的速度接近音速时，将会逐渐追上自己发出的声波。声波叠合累积的结果，会造成震波的产生，进而对飞行器的加速产生障碍，而这种因为音速造成提升速度的障碍称为音障。

知识广播

为何飞机周围有雾？

由于在物体的速度快要接近音速时，周边的空气受到声波叠合而呈现非常高压的状态，因此一旦物体穿越音障后，周围压力将会陡降。在比较潮湿的天气，有时陡降的压力所造成的瞬间低温可能会让气温低于它的露点温度，使得水汽凝结变成微小的水珠，肉眼看来就像是云雾般的状态。因此整体看来形状像是一个以物体为中心轴、向四周均匀扩散的圆锥状云团。

突破音障进入超音速后，从航空器最前端起会产生一股圆锥形的音锥，在旁观者听来这股震波有如爆炸一般，故称为音爆或声爆。强烈的音爆不仅会对地面建筑物产生损害，对于飞行器本身伸出冲击面之外部分也会产生破坏。

 讲解——什么是马赫数？

◆马赫发射火箭

马赫数以奥地利物理学家马赫命名，简称 M 数。马赫数用于超音速或可压流动计算，以航天航空领域最为常用。常写作 Mach 数，它是高速流的一个相似参数。我们平时所说的飞机的 Mach 数是指飞机的飞行速度与当地大气（即一定的高度、温度和大气密度）中的音速之比。比如 Ma1.6 表示飞机的速度为当地音速的 1.6 倍。

由于马赫数是速度与音速之比值，而音速在不同高度、温度等状态下又有不同数值，因此无法将 Ma2.8 的数值换算为固定的 km/h（千米每小时）或 mph（每小时英里数）等单位。马赫数如果作为速度单位来使用，则必须同时给出高度和大气条件（一般缺省为国际标准大气条件）。

一般民用飞机飞行速度多为亚音速或高亚音速，军用战斗机可以达到 Ma3.0 或更高，美国最新高超音速飞机已达到 Ma7.0，航天飞机再入大气层可以达到 Ma25 以上。

 名人介绍：奥地利物理学家——马赫

马赫（1838—1916），奥地利物理学家、生物学家、心理学家、哲学家。1838 年 2 月 18 日生于奇尔利茨。父亲是家庭教师。童年时代在大自然的魅力下

善于用听觉、触觉观察事物的因果关系，初中时，他对教会学校的课程不感兴趣而被视为不适宜研究学问、成绩不佳的孩子。父亲的藏书成了他自学的宝库。在维也纳大学学习数学、物理学和哲学，1860年毕业，并获博士学位。1864—1867年在格拉茨大学先后任数学教授和实验物理学教授，1867—1895年在布拉格大学任实验物理学教授，两度被选为校长。1901年退休，但仍在家继续从事科学著述。1916年2月19日在德国特斯特腾逝世。

◆恩斯特·马赫

马赫一生主要致力于实验物理学和哲学的研究。发表过100多篇关于力学、声学和光学的研究论文和报告。他在研究物体在气体中高速运动的规律时，发现了激波。确定了以物速与声速的比值（即马赫数）为标准，来描述物体的超声速运动。马赫效应、马赫波、马赫角等这些以马赫命名的术语，在空气动力学中广泛使用，这是马赫在力学上的历史性贡献。

马赫是一位具有批判精神的理论物理学家。他通过对科学的历史考察和科学方法论的分析，写了几本富有浓厚认识论色彩和历史观点的著作，其中以1883年《力学及其发展的批判历史概论》（简称《力学史评》）影响最大，对物理学的发展产生了深刻的影响。他在书中对牛顿的绝对时间、绝对空间的批判以及对惯性的理解，对爱因斯坦建立广义相对论起过积极的作用，成为后者写出引力场方程的依据。后来爱因斯坦把他的这一思想称为马赫原理。马赫的科学认识论曾在自然科学家中产生过强烈的反响，受其影响的科学家最著名的是爱因斯坦和布里奇曼以及量子力学哥本哈根学派的一些物理学家。

接近音障

第二次世界大战后期，战斗机的最大速度，已超过每小时700公里。要进一步提高速度，就碰到所谓"音障"问题。时速700多公里的飞机，迎面气流在流过机体表面的时候，由于表面各处的形状不同，局部时速可能比700公里大得多。当飞机再飞快一些，局部气流的速度可能就达到音速，产生局部激波，从而使气动阻力剧增。

这种"音障"，曾使高速战斗机飞行员们深感迷惑。每当他们的飞机接近音速时，飞机操纵上都会产生奇特的反应，处置不当就会机毁人亡。

第二次世界大战后期，英国的喷火式战斗机和美国的"雷电"式战斗机，在接近音速的高速飞行时，最早感觉到空气的压缩效应。也就是说，在高速飞行的飞机前部，由于局部激波的产生，空气受到压缩，阻力急剧增加。"喷火"式飞机用最大功率俯冲时，速度可达音速的十分之九。这样快的速度，已足以使飞机感受到空气的压缩效应。

◆ P—51D "野马"式战斗机

知识窗

活塞式战机速度的极限

第二次世界大战后期，飞行速度达到 650～750 公里/小时的战斗机，已经接近活塞式飞机飞行速度的极限。例如美国的 P—51D "野马"式战斗机，最大速度每小时 765 公里，大概是用螺旋桨推进的活塞式战斗机中，飞得最快的了。若要进一步提高飞行速度，必须增加发动机推力，但是活塞式发动机已经无能为力。

早期尝试冲破音障

第二次世界大战末期，德国研制成功 Me—163 和 Me—262 新型战斗机，投入了苏德前线作战。这两种都是当时一般人从未见过的喷气式战斗机，具有后掠形机翼。前者装有 1 台液体燃料火箭发动机，速度为 933 公里/小时；后者装 2 台涡轮喷气发动机，最大速度 870 公里/小时，是世界上第一种实战喷气式战斗机。

德国喷气式飞机的出现，促使前反法西斯各国加快了研制本国喷气式战斗机的步伐。英国的"流星"式战斗机很快也飞上蓝天，苏联的著名飞机设计局，例如米高扬、拉沃奇金、苏霍伊和雅科夫列夫等飞机设计局，都相继着手研制能与德国新式战斗机相匹敌的飞机。

喷气发动机的研制成功，冲破了活塞式发动机和螺旋桨给飞机速度带来的限制。不过，尽管有了新型的动力装置，在向音速迈进的道路上，也是障碍重重。当时，人们在实践中发现，在飞行速度达到音速的 9/10，即马赫数 M0.9，空中时速约 950 公里时，出现的局部激波会使阻力迅速增大。要进一步提高速度，就需要发动机有更大的推力。更严重的是，激波能使流经机翼和机身表面的气流，变得非常紊乱，从而使飞机剧烈抖动，操纵十分困难。同时，机翼会下沉、机头往下栽；如果这时飞机正在爬升，机身会突然自动上仰。这些讨厌的症状，都可能导致飞机坠毁。

◆德国 Me-163 战斗机

德国 Me-63 战斗机的速度虽然显著超过对手的活塞式战斗机，但是由于数量稀少，又不够灵活，它们的参战，对挽救法西斯德国失败的命运，实际上没有起什么作用。

成功突破音障

最早突破音障的是美国贝尔 X-1 型"空中火箭"式超音速火箭动力研究机。

◆X-1 试验机和 B-29 载机

该机是一架飞行速度略微超过音速的飞机。X-1 飞机的翼型很薄，没有后掠角。它采用液体火箭发动机作动力。由于飞机上所能携带的火箭燃料数量有限，火箭发动机工作的时间很短，因此不能用 X-1 自己的动力从跑道上起飞，而需要把它挂在一架 B-29 型"超级堡垒"重型轰炸机的机身下，升入天空。

飞行员在升空之前，已经在 X－1 的座舱内坐好。轰炸机飞到高空后，像投炸弹那样，把 X－1 投放出去。X－1 离开轰炸机后，在滑翔飞行中，再开动自己的火箭发动机加速飞行。

在人类首次突破"音障"之后，研制超音速飞机的进展就加快了。美国空军和海军在竞创速度记录方面展开了竞争。1951 年 8 月 7 日，美国海军的道格拉斯 D.558－Ⅱ型"空中火箭"式研究机的速度，达到 M1.88。接着，在 1953 年，"空中火箭"的飞行速度，又超过了 M2.0，约合 2172公里/小时。

人们通过理论研究和一系列研究机的飞行实践，包括付出了血的代价，终于掌握了超音速飞行的规律。高速飞行研究的成果，首先被用于军事上，各国竞相研制超音速战斗机。

首次实现超音速飞行的人

1947 年 10 月 14 日，X－1 的首次超音速飞行获得成功，完成人类航空史上这项创举的是美国空军的试飞员查尔斯·耶格尔上尉。24 岁的查克·耶格尔从此成为世界上第一个飞得比声音更快的人，使他的名字载入航空史册。那是一次很艰难的飞行。耶格尔驾驶 X－1 在 12800 米的高空，使飞行速度达到 1078 公里/小时，相当于 M1.015。

1. 什么是音障现象？为什么初期的飞行器速度很难超过声音的速度？
2. 人类利用什么方法成功克服了音障现象？
3. 查资料了解苏联关于超音速的研究情况。

研发飞机的利器
——风洞

风洞是飞机设计中进行空气动力实验最常用、最有效的工具。风洞实验是飞行器研制工作中的一个不可缺少的组成部分。它不仅在航空和航天工程的研究和发展中起着重要作用，随着工业空气动力学的发展，在交通运输、房屋建筑、风能利用和环境保护等部门中也得到越来越广泛的应用。

◆用于实验的风洞

风洞及其组成

你知道什么是风洞吗？简单地说，就是产生人工气流的管状设备，是用来模拟飞行器在空气中运动状态的试验装置，是进行空气动力研究的重要技术装备，对航空航天事业的发展有着至关重要的作用。

风洞主要由洞体、驱动

◆波音737海上飞机模型进行风洞试验

系统和测量控制系统组成。

　　用风洞做实验的依据是运动的相对性原理。实验时，常将模型或实物固定在风洞内，使气体流过模型。这种方法，流动条件容易控制，可重复地、经济地取得实验数据。为使实验结果准确，实验时的流动必须与实际流动状态相似，即必须满足相似律的要求。但由于风洞尺寸和动力的限制，在一个风洞中同时模拟所有的相似参数是很困难的，通常是按所要研究的课题，选择一些影响最大的参数进行模拟。此外，风洞实验段的流场品质，如气流速度分布均匀度、平均气流方向偏离风洞轴线的大小、沿风洞轴线方向的压力梯度、截面温度分布的均匀度、气流的湍流度和噪声级等必须符合一定的标准，并定期进行检查测定。

讲解——风洞的种类？

　　风洞种类繁多，有不同的分类方法。按实验段气流速度大小来区分，可以分为低速、高速和高超声速风洞。

　　低速风洞是实验段气流速度在130米/秒以下（马赫数≤0.4）的风洞。

　　高速风洞是实验段内气流马赫数为0.4～4.5的风洞。

　　马赫数大于5的是超声速风洞。主要用于导弹、人造卫星、航天飞机的模型实验。实验项目通常有气动力、压力、传热测量和流场显示，还有动稳定性、低熔点模型烧蚀、质量引射和粒子侵蚀测量等。

◆飞机模型进行吹风试验

◆NF—3全机低速风洞对"运—8"飞机模型进行吹风试验

轶闻趣事——亚洲最大的风洞

◆飞机模型进行吹风试验

中国空气动力研究与发展中心（以下简称中心）是为适应我国航空航天事业，按照著名空气动力学专家钱学森、郭永怀教授构想的蓝图而组建的。是亚洲最大的空气动力学研究、试验机构。

"中心"位于新兴的电子科学城——四川绵阳市（四川省第二大城市）。组建近40年来，已建成了数十座风洞设备和专用设施构成的风洞群，研究试验能力居亚洲第一。

40余年来，该所立足国情实际，着眼未来飞行器发展需求，先后为国家规

◆8米×6米低速风洞

◆2.4米跨声速风洞喷流嘴

划、设计和建设了以亚洲最大的 2.4 米引射式跨声速风洞、8 米×6 米低速风洞、5 米立式风洞和我国第一座多功能结冰风洞等为代表的 50 余座尺寸配套、功能齐备的大型风洞工程,总体规模居亚洲第一、世界第三,获得各级科技成果奖 300 余项,其中国家科技成果奖 5 项,为推动我国航空航天、国防现代化和国民经济发展做出了重要贡献。

该"中心"设计建设的风洞工程,被评为新中国成立 60 周年百项经典暨精品工程。一同获奖的还有天安门广场建筑群、中国载人航天发射场工程、长江三峡水利枢纽工程、青藏铁路等。这些重点工程集中展示了新中国成立以来各行建筑业发展的辉煌成就,代表了不同时期工程设计、施工技术和质量的最高水平。

拓展思考

1. 现在有哪些行业用到风洞?风洞对国民经济有何意义?
2. 风洞的种类有哪几种?请分别说明。
3. 亚洲最大的风洞在哪个国家?名称是什么?

展翅高飞——飞机机翼

人类很早就想飞了，聪明的古人观察到鸟之所以会飞，完全是因为它们有一双奇妙的翅膀。于是想在自己的身上装上一对翅膀来飞翔，但都没有能够成功。直到莱特兄弟发明了飞机，人类才真正实现了利用翅膀飞翔。

◆飞机的构造组成

机翼简介

机翼是飞机最主要的部件之一，其主要功用是产生升力。同时机翼内部可以用来装置油箱和设备等；在机翼上还安装有改善起降性能的增升装置和用于飞机侧向操纵的副翼；很多飞机的起落架和动力装置也固定在机翼上。

◆民航客机机翼各翼面的位置

机翼的构造

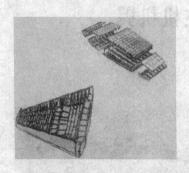

◆单块式机翼

◆构架式机翼

　　机翼的构造形式随着飞机速度的增加而改变。其主要构造形式有：构架式机翼、梁式机翼、单块式机翼。

　　构架式机翼主要用于飞机发展的初期，其结构特点是受力部件与维形部件完全分工。构架式机翼的受力骨架是由翼梁、张线、横支柱（或翼肋）等组成的空

◆梁式机翼

间桁架系统；其蒙皮是用亚麻布制成，只起维形作用。

　　梁式机翼的特点是布置有强有力的翼梁，较少且较弱的桁条，并采用较薄的硬质蒙皮，常用金属铆接结构，为现今飞机所广泛采用。

　　单块式机翼的特点是蒙皮较厚，桁条较多也较强，翼梁的缘条很弱，甚至没有翼梁而只有纵樯。单块式机翼的维形构件和受力构件已经完全合并，亦为现代飞机所广泛采用。

知识库——机翼的演进

　　1903 年 11 月 17 日，美国莱特兄弟制作的飞行器终于升空，飞行了 36 米，历时 12 秒。莱特兄弟后来被称为"飞机之父"，因为他们发明了第一个有效率且

结构坚强的机翼。这个机翼满足了三个最基本的要求：升力、控制及载人（物）的空间。其中最重要的是控制，因此造一个高低快慢随心所欲飞行的机翼，一直是航空工程师努力的目标。

早期的飞机都是双翼的，因为当时发动机的功率较小，飞机飞行速度低，只能采用双翼结构，以加大机翼面积，得到足够的升力。为

◆B—35战斗机图

增加加机结构的强度和刚性，两翼之间有加固用的撑杆。随着发动机功率的增大，飞行速度提高，于是用单翼就能产生足够的升力，而在高速飞行时，双翼产生的阻力大，反而不利于飞行。自20世纪20年代末起，双翼飞机逐渐被单翼机所取代。

机翼发展的期间，出现过鸟翼形、圆形、环状、正方形、三角形的机翼，有些设计整个机身就是一个大翅膀，典型的B—35甚至被人戏称为飞行饼，其他还有像百叶窗般一层又一层的机翼，奇形怪状不胜枚举。至今，机翼的样式大致上已经定型，人们只作小部分的修改，以求增进效率。

副翼

副翼是指安装在机翼翼梢后缘外侧的一小块可动的翼面，为飞机的主操作舵面，飞行员操纵左右副翼差动偏转所产生的滚转力矩可以使飞机做横滚机动。飞行员向左压驾驶盘，左边副翼上偏，右边副翼下偏，飞机向左滚转；反之，向右压驾驶盘右副翼上偏，左副翼下偏，飞机向右滚转。

◆飞机模型上的两副翼

前缘缝翼

前缘缝翼是安装在基本机翼前缘的一段或者几段狭长小翼，主要是靠增大飞机临界迎角来获得升力增加的一种增升装置。

前缘缝翼的作用主要有两个：一是延缓机翼上的气流分离，提高了飞机的临界迎角，使得飞机在更大的迎角下才会发生失速；二是增大机翼的升力系数。其中增大临界迎角的作用是主要的。这种装置在大迎角下，特别是接近或超过基本机翼的临界迎角时才使用，因为只有在这种情况下，机翼上才会产生气流分离。

现代客机的前缘缝翼没有专门的操纵装置，一般随襟翼

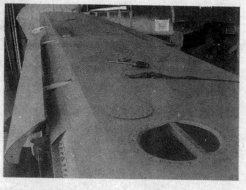

◆前缘缝翼

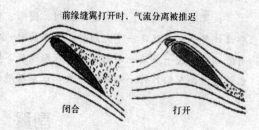

◆前缘缝翼闭合与打开时的气流图

的动作而随动，在飞机即将进入失速状态时，前缘缝翼的自动功能也会根据迎角的变化而自动开关。

在前缘缝翼闭合时，随着迎角的增大，机翼上表面的分离区逐渐向前移，当迎角增大到临界迎角时，机翼的升力系数急剧下降，机翼失速。当前缘缝翼打开时，它与基本机翼前缘表面形成一道缝隙，下翼面压强较高的气流通过这道缝隙得到加速而流向上翼面，增大了上翼面附面层中气流的速度，降低了压强，消除了这里的分离旋涡，从而延缓了气流分离，避免了大迎角下的失速，使得升力系数提高。

广角镜——关于失速、临界迎角

　　机翼能够产生升力是因为机翼上下存在着压力差。但是这是有前提条件的，就是要保证上翼面的气流不分离。

　　如果机翼的迎角大到了一定程度，机翼相当于在气流中竖起的平板，由于角度太大，绕过上翼面的气流流线无法连贯，会发生分离，同时受外层气流的带动，向后下方流动，最后就会卷成一个封闭的涡流，叫作分离涡。像这样旋转的涡中的压力是不变的，它的压力等于涡上方的气流的压力。所以此时上下翼面的压力差值会小很多，这样机翼的升力就比原来减小了。到一定程度就形成失速，对应的机翼迎角叫作失速迎角或临界迎角。

襟翼

　　襟翼是安装在机翼后缘内侧的翼面，襟翼可以绕轴向后下方偏转，主要是靠增大机翼的弯度来获得升力增加的一种增升装置。

　　当飞机在起飞时，襟翼向后下方偏移的角度较小，主要起到增加升力的作用，可以加速飞机的起飞，缩短飞机在地面的滑跑距离；当飞机在降落时，襟翼向后下方偏移的角度较大，可以使飞机的升力和阻力同时增大，以利于降低着陆速度，缩短滑跑距离。

　　在现代飞机设计中，当襟翼的位置移到机翼的前缘，就变成了前缘襟翼。

▲飞机襟翼图

◆B737－600 的双开缝后缘襟翼

前缘襟翼与后缘襟翼配合使用可进一步提高增升效果。一般的后缘襟翼有一个缺点，就是当它向下偏转时，虽然能够增大上翼面气流的流速，从而增大升力系数，但同时也使得机翼前缘处气流的局部迎角增大，当飞机以大迎角飞行时，容易导致机翼前缘上部发生局部的气流分离，使飞机的性能变坏。如果此时采用前缘襟翼，不但可以消除机翼前缘上部的局部气流分离，改善后缘襟翼的增升效果，而且其本身也具有增升作用。

扰流板

◆空客319落地后减速板打开

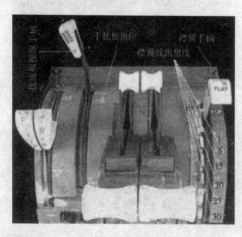

◆波音777的驾驶舱中央操纵台部分

　　有的称之为"减速板""阻流板"或"减升板"等，这些名称反映了它们的功能。分为飞行、地面扰流板两种，左右对称分布，地面扰流板只有在地面才可打开，实际上扰流板是铰接在机翼上表面的一些液压制动板，飞行员操纵时可以使这些板向上翻起，增加机翼的阻力，减少升力，阻碍气流的流动，达到减速、控制飞机姿态的作用。

　　在空中飞行时，扰流板可以降低飞行速度并降低高度。只有一侧的扰流板动作时，作用相当于副翼，主要是协助副翼等主操作舵面来有效控制飞机做横滚机动。

　　当飞机着陆在地面滑跑过程中时，飞行、地面扰流板会尽可能地张开，以确保飞机迅速减速。

知 识 库

机翼的操纵台

上页图为波音 777 的驾驶舱中央操纵台部分，民航飞机的机翼各翼面的操作一般类似。

前缘缝翼没有专门的操纵装置，副翼的动作是依靠驾驶盘的左右转动。而襟翼、扰流板的操纵就在驾驶舱中央操纵台的油门杆两侧。

1. 飞机的基本机构有哪些？

2. 飞机机翼的主要功能是什么？

3. 飞机机翼前后又有哪些装置？请分别说明其名称是什么？它们的功能又是什么？

平衡的控制——飞机尾翼

电视上我们看到海洋里的鲸鱼有一条大大的尾巴，鲸鱼游动时总是要摆摆尾巴。而我们生活中的飞机也有一个大大的尾巴，它们的功能是否相同呢？让我们来研究研究。

◆波音 737 飞机的尾翼

飞机的尾翼

尾翼是安装在飞机后部的起稳定和操纵作用的装置。尾翼的主要功用是保证飞机的纵向和方向的平衡，并使飞机在纵向和方向上具有必要的稳定性和操纵性。

尾翼一般分为垂直尾翼和水平尾翼。垂直尾翼由固定的垂直安定面和可动的方向舵组成，它在飞机上主要起方向安定和方向操纵的作用。垂直尾翼简称垂尾或立尾。根据垂尾的数目，飞机可分为单垂尾、双垂尾、三垂尾和四垂尾飞机。

水平尾翼由固定的水平安定面和可动的升降舵组成，它在飞机上

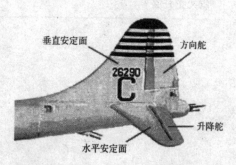

垂直安定面　方向舵

26290
C

升降舵

水平安定面

◆飞机的尾翼图

◆双垂尾翼飞机

主要起纵向安定和俯仰操纵的
作用。水平尾翼可简称平尾。
有的飞机为了提高俯仰操纵效
率，采用的是全动平尾，即平
尾没有水平安定面，整个翼面
均可偏转。有一种特殊的 V 字
形尾翼，它既可以起垂直尾翼
的作用，也可以起水平尾翼的作用。

◆V 字形尾翼飞机

 小知识——什么是鸭式结构？

　　水平尾翼一般位于机翼之后。但也
有的飞机把"水平尾翼"放在机翼之前，
这种飞机称为鸭式飞机。此时，将前置
"水平尾翼"称之为"前翼"或"鸭翼"。
没有水平尾翼（甚至没有垂直尾翼）的
飞机称为无尾飞机。这种飞机的俯仰操
纵、方向操纵、滚转操纵均由机翼后缘
的活动翼面或发动机的推力矢量喷管控制。

◆鸭式歼—10 战斗机

 广角镜——动物尾巴的作用

　　鱼能在水中自由游动全靠它的尾巴，假如把尾巴即尾鳍割去，鱼便失去方
向，不能前进。这说明鱼体是靠尾巴推进转向的。

　　飞鸟的尾巴在飞行时起着舵的作用。在短短的鸟尾巴上，丛生着又长又宽的
羽毛，展开时好像扇子，能够灵活转向。

　　在澳洲，袋鼠种类很多，它们都有一条粗壮而有力的尾巴。在跳跃时，尾巴
就像"秤杆"，能维持身体的平衡，帮助袋鼠跳得更快更远。一旦遇到紧急情况，
袋鼠在尾巴的帮助下能跳出 10 米多远。

◆自由游动的鱼儿

◆袋鼠跳跃

◆非洲鳄

生活在热带地区的非洲鳄，体长5米，重约1吨，尾巴又长又粗，这是相当危险的"重型武器"。当非洲鳄见到猎物在河边饮水时，只需用尾巴一扫，就把猎物打落水中，然后张开大嘴，饱餐一顿。

美洲的响尾蛇是一种毒性很强的蛇，其尾巴具有特殊的功能。响蛇尾有一条条角质

◆美洲响尾蛇

的环纹，这些角质环纹膜围成了一个空腔，当其尾巴晃动时，在空腔内就有气流振动，发出声响。这声响是用来警告敌人和引诱小动物的一种捕食方法。

　点击——无尾飞机

　　没有水平尾翼和前翼（鸭翼），机身后只有垂直尾翼的飞机。这种飞机的俯仰平衡和操纵通常由机翼后缘的升降副翼实现。取消水平尾翼使飞机载荷减小，

机体结构重量减轻，飞行阻力减小，进而减小飞机的尺寸，降低飞机的生产成本，提高飞行性能。但由于升降副翼距飞机重心的距离远远小于水平尾翼距飞机重心的距离，在一定的升力下，保持飞机俯仰平衡所需要的升降副翼偏转大于水平尾翼偏转（从偏转产生的升

◆法国的"幻影"Ⅲ战斗机

力增量看），使飞机的配平阻力明显增大。此外，无尾飞机利用机翼后缘的升降副翼进行俯仰平衡操纵的能力较弱。

　　超音速无尾飞机，采用小展弦比三角翼是比较有利的。小展弦比三角翼的后缘到重心的距离较远，从亚音速过渡到超音速时气动中心的变化较小，对俯仰平衡能力的要求比平直机翼低，例如法国的"幻影"Ⅲ（见图）战斗机，美国的F—106战斗机、B—58轰炸机。后期新型无尾飞机采用主动控制技术，放宽静稳定性要求，将飞机重心移至气动中心之后，再配以前缘增升装置，对改善无尾飞机的起飞着陆性能和机动能力有明显好处。20世纪70年代法国研制的"幻影"2DOO战斗机就是采用了这些技术。21世纪初，无尾飞机已被具有可操纵前翼的鸭式飞机所取代。

知识库——汽车的尾翼

　　汽车尾翼使轿车平添许多妩媚与生气，因此许多人也都以为这美丽的尾翼是厂家为了好看才给轿车安装的装饰件，其实它的主要作用是可以有效地减少汽车在高速行驶时的空气阻力和节省燃料。

　　为了有效地减少并克服汽车高速行驶时空气阻力的影响，

◆跑车的尾翼

人们设计了汽车尾翼，其作用就是使空气对汽车产生一种有利于汽车行驶稳定的作用力，即加大对地面的附着力而抵消一部分升力，减轻汽车的高速发飘现象，减小风阻影响，使汽车能紧贴着道路行驶，从而提高了高速行驶的稳定性。

目前市面上用得较多的尾翼是用玻璃纤维材料制成的，既轻巧又坚韧，并且它的形状、尺寸都是经过设计师精确计算而确定的，不宜过大也不宜过小，不然反而会增加轿车的行车阻力或起不到应有的作用。

拓展思考

1. 飞机的尾翼起到了怎样的作用？
2. 按照结构可以把飞机的机翼分为哪几种？
3. 动物的尾巴有哪些功能？你能说出几种？

大腹便便——飞机机身

机身是飞机上用来装载人员、货物、武器和机载设备的部件。它将机翼、尾翼、起落架等部件连成一个整体。在轻型飞机和歼击机上，还常将发动机装在机身内。良好的机身流线型对于减小空气阻力、改善飞行性能具有重要作用。由于驾驶员、旅客、

◆中国民航飞机

货物和机载设备等都集中在机身上，所以与之有关的飞机使用方面的大部分要求：如驾驶员的视界，座舱的环境要求，货物和武器装备的装卸，系统设备的检查维修等，都对机身的外形和结构有直接的影响。

机身的构造

机身构造型式的发展与机翼构造型式的发展类似，也随着飞行速度的提高而发展，主要受力件与辅助受力件逐渐合并，维形件逐渐参加受力。早期的构架式机身，一般由水平和垂直平面内的直杆和斜杆以及张线组成空间

◆构架式机身

桁架，飞机的其他部件都连接在它的节点上。桁架外围用木质成形架和布质蒙皮构成外形。

由于构架式机身不能满足不断提高的空气动力要求，并且飞机内部设备日益增加，而构架式机身中的横向构件使内部容积不能充分利用。因此随着飞机速度的增大，逐步发展了梁式薄壁结构。现代一般梁式薄壁结构

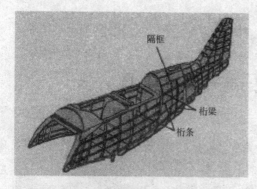

◆梁式薄壁结构的机身

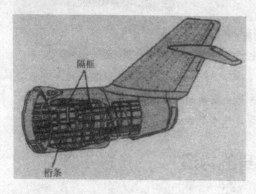

◆桁条式机身

机身是由纵向骨架桁梁和桁条、横向骨架框以及蒙皮组成的空间薄壁梁。蒙皮用来维持外形，承受剪力和扭矩。由于飞行速度提高，对总体和局部刚度的要求使得蒙皮不断加厚，参加承受弯曲的作用也逐渐增大，直到蒙皮成为抗弯的主要构件。

桁梁式机身广泛地用于小型飞机和大开口较多的飞机上。加厚桁梁式机身的蒙皮，加多桁条，削弱桁梁使其成为一般的桁条，即演变成为桁条式机身。弯曲由桁条和蒙皮承受，而在局部载荷较大的地方则加强桁条，这种机身的重量较轻，生存力较强，但不便于大开口。它广泛地应用在旅客机等大型飞机上。

蒙皮的进一步加厚，以至完全代替了桁梁或桁条，整个结构由蒙皮和隔框构成，这就是所谓硬壳式机身。有时人们也把桁梁式和桁条式机身称为半硬壳式机身。硬壳式机身不便于开口，因此飞机上用得较少。

现代飞机机身的构造受力形式主要是桁梁式和桁条式，但是实际上又常常是这两种结构的混合形式。像歼－7型飞机的前机身属于桁梁式，而后机身却是桁条式的。

民航客机机身

机身内部布置的合理与否将直接影响飞机内部容积的利用及飞机的使用性能。

座舱的安排是机身内部布置的重要内容，不仅因为座舱占据了机身内部的较大容积，更重要的是它乘载了对飞机起主导作用的空勤人员和乘客。

客舱布置必须满足安全和舒适两大要求。现代高空高速客机要求客舱具有与低空或地面相同的良好生活条件。因此，要求有良好的密封、完善的空气增压及调节系统，以保证一定的空气压力、温度和湿度。窗户玻璃往往制成双层的，万一有一层损坏仍能保持客舱的密封。另外还有极容易打开的紧急窗门。为了防火，客舱内的装饰都是用不易燃烧的材料制成。在舒适方面：客舱要求有宽敞的容积，舒适的座位；长途飞行还要有卧铺，一般的座椅也常常是可以调节的，使旅客可以半躺休息，一般短途客机每一旅客约占 1.5～

◆乘客登机

◆舒适的头等舱

2.0 立方米的容积，而长途旅客则占 3.0～3.5 立方米。客舱要有足够高度、过道宽敞；座椅附有小桌，单独的送风器、照明设备等。客舱的色调应选择适当，以得到安静而愉快的感觉。

广角镜——美联航的商务舱

美国联合航空公司的商务舱设有可180°调节的新型平躺式睡床。193厘米的平躺睡床空间十分宽敞，且备有多项设施及个人化的功能设备，让旅客在国际航班上能享有舒适的环境。另外，创新的座位配置更提供面向或背向选择，力图为旅客提供最大的私人空间。每一张座椅的宽度可达 60 厘米，并可进行多角度

◆美联航机上的娱乐

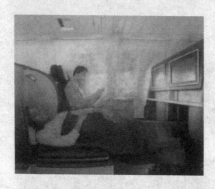

◆美联航新型平躺睡椅

调节。

头等舱及商务舱的每一个座位均附有一套设备完善的娱乐系统，其中包括宽39厘米的平面荧光屏及一套提供多部电影、音乐及电子游戏的数码影音系统。另外，关联航更提供50个有声频道装置，超过3000首歌曲和自动点唱机可以让乘客编辑歌曲播放清单。全部娱乐系统的遥控菜单及内容均有多种语言可供选择。

关联航新型头等舱及商务舱除配置了180°平躺睡床外，也增加了以下设备和功能：

能以四种方式调节的腰垫，以及六种方式调节的颈枕；

可存放手提电脑包及个人用品的多用途储物格及脚垫；

根据人体功能学设计的餐桌板，可放手提电脑及其他物品；可供掌上电脑、手机和数码相机等个人电子产品充电的USB插口，等等。

知识链接——机身静电的消除

飞机在空气中运动，由于空气和其他杂质的摩擦，在飞机机身上将产生静电电荷（摩擦生电），一般为正电荷，通常电荷均匀分布在机身表面，但大气层也是一个电磁场，由于电磁场的作用，导致这些电荷集中到飞机外表曲率较大的尖顶、薄边缘区域，如果没有放电刷，在电荷积累到一定能量时将导致空气或云层水分子之间的击穿放电，也就是我们说的闪电现象，也就是"雷击"现象。

放电刷安装在飞机外表面的尖端部分，放电刷的制作特点是在其顶端还装了一个很小的金属针，在大气中由于电磁场的作用，带电电荷都集中到放电刷顶端的金属针头上，这样，小小针头在不是非常高的电荷能量积聚的状态下就会导致与空气或云层中水分子之间的击穿放电，引起局部非常小能量的"雷击"效应，从而将积聚在飞机机体表面的电荷能量释放（即所谓的尖端放电）。通常对于飞机机身外表为金属结构的，对放电刷的要求不是非常高；但对于复合材料部分，对放电刷的要求就比较高。这是因为金属材料是电的导体，电荷可以自由流动，而复合材料是电的不良导体，容易积聚电荷。

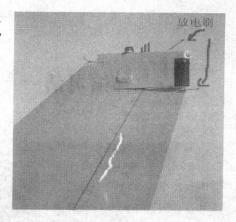

◆飞机机翼上的放电刷

雷达罩通常必须是复合材料（雷达波必须能够穿透的材料）。雷达罩的表面在飞行中也会有电荷的积聚，这一方面会导致遭"雷击"，另一方面也会屏蔽掉雷达波的穿透，造成雷达工作不正常或探测不到应该探测到的气象或地形状态。雷达罩上导流条的作用是将非导电体雷达罩表面的静电电荷通过导电的导流条传导到机身表面去，避免雷达罩表面上电荷的积聚。

◆飞机雷达罩上的导流条

拓展思考

1. 飞机的机身有什么作用？你知道有哪几种结构的机身？

2. 你有过乘飞机的经历吗？如果有，请说说乘飞机时的感觉及飞机座舱情况？

3. 在高空飞行的飞机是用什么方法来消除静电的？

伸缩灵活——飞机起落架

起落架就是飞机在地面停放、滑行、起降滑跑时用于支持飞机重量、吸收撞击能量的飞机部件。简单地说，起落架有一点像汽车的车轮，但比汽车的车轮复杂得多，而且强度也大得多，它能够消耗和吸收飞机在着陆时的撞击能量。

起落架主要有以下四个作用：承受飞机在地面停放、滑行、起飞着陆滑跑时的重力；

◆停在地面上的飞机

承受、消耗和吸收飞机在着陆与地面运动时的撞击和颠簸能量；滑跑与滑行时的制动；滑跑与滑行时操纵飞机。

起落架的基本组成

为适应飞机起飞、着陆滑跑和地面滑行的需要，起落架的最下端装有带充气轮胎的机轮。为了缩短着陆滑跑距离，机轮上装有刹车或自动刹车装置。此外还包括承力支柱、减震器、收放机构、前轮减摆器和转弯操纵机构等。承力支柱将机轮和减震器连接在机体上，并将着陆和滑行中

◆飞机的起落架

的撞击载荷传递给机体。前轮减摆器用于消除高速滑行中前轮的摆振。前轮转弯操纵机构可以增加飞机地面转弯的灵活性。对于在雪地和冰上起落的飞机，起落架上的机轮用滑橇代替。

◆飞机在草地上起降的起落架

飞机在着陆接地瞬间或在不平的跑道上高速滑跑时，与地面发生剧烈的撞击，除充气轮胎可起小部分缓冲作用外，大部分撞击能量要靠减震器吸收。现代飞机上应用最广的是油液空气减震器。当减震器受撞击压缩时，空气的作用相当于弹簧，贮存能量。而油液以极高的速度穿过小孔，吸收大量撞击能量，把它们转变为热能，使飞机撞击后很快平稳下来，不致颠簸不止。

收放系统一般以液压作为正常收放动力源，以冷气、电力作为备用动力源。一般前起落架向前收入前机身，而某些重型运输机的前起落架是侧向收起的。

机轮的主要作用是在地面支持飞机的重量，减少飞机地面运动的阻力，吸收飞机着陆和地面运动时的一部分撞击动能。

起落架的布置型式

飞机上使用最多的是前三点式起落架。前轮在机头下面远离飞机重心处，可避免飞机刹车时出现"拿大顶"的危险。两个主轮左右对称地布置在重心稍后处，左右主轮有一定距离可保证飞机在地面滑行时不致倾倒。飞机在地面滑行和停放时，机身地板基本处于水平位置，便于旅客登机

◆F—22 的前三点式起落架

◆行驶中的 C－5A 运输机

◆后三点式起落架

◆自行车式起落架的海鹞战机

和货物装卸。

重型飞机用增加机轮和支点数目的方法减低轮胎对跑道的压力，以改善飞机在前线土跑道上的起降滑行能力，例如美国军用运输机 C－5A，起飞重量达在350 吨以上，仅主轮就有 24 个，采用 4 个并列的多轮式车架（每个车架上有 6 个机轮），构成 4 个并列主支点。加上前支点共有 5 个支点，但仍然具有前三点式起落架的性质。

早期在螺旋桨飞机上广泛采用后三点式起落架。其特点是两个主轮在重心稍前处，尾轮在机身尾部离重心较远。后三点起落架重量比前三点轻，但是地面转弯不够灵活，刹车过猛时飞机有"拿大顶"的危险，现代飞机已很少采用。

还有一种用得不多的自行车式起落架，它的前轮和主轮前后布置在飞机对称面内（即在机身下部），重心距前轮与主轮几乎相等。为防止转弯时倾倒，在机翼下还布置有辅助小轮。这种布置形式由于起飞时抬头困难而较少采用。自行车式起落架的战斗机中最著名的可能就是英国的海鹞。

多支柱式起落架的布置形式与前三点式起落架类似，飞机的重心在主起落架之前，但它有多个主起落架支柱，一般用于大型飞机上。如美国的波音 747 旅客机、C－5A 军用运输机（起飞质量均在 350 吨以上）以及苏联的伊尔86旅客机（起飞质量206吨）。显然，采用多支柱、多机轮可以减小起落架对跑道的压力，增加起飞着陆的安全性。

◆波音747旅客机多支柱式起落架

在这四种布置形式中，前三种是最基本的起落架形式，多支柱式可以看作是前三点式的改进形式。目前，在现代飞机中应用最为广泛的起落架布置形式就是前三点式。

起落架的结构分类

起落架按结构形式可以分为：构架式起落架、支柱式起落架、摇臂式起落架。

◆轻型飞机的构架式起落架

构架式起落架的主要特点是：它通过承力构架将机轮与机翼或机身相连。承力构架中的杆件及

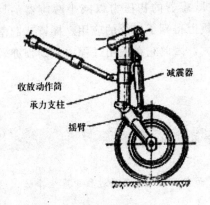

收放动作筒
承力支柱
摇臂
减震器

◆摇臂式起落架

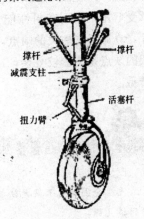

撑杆　撑杆
减震支柱
活塞杆
扭力臂

◆支柱式起落架

◆摇臂式起落架战机

减震支柱都是相互铰接的。这种结构的起落架构造简单，质量也较小，在过去的轻型低速飞机上用得很广泛。但由于难以收放，现代高速飞机基本上不采用。

支柱式起落架的主要特点是：减震器与承力支柱合而为一，机轮直接固定在减震器的活塞杆上。减震支柱上端与机翼的连接形式取决于收放要求。对收放式起落架，撑杆可兼作收放作动筒。这种形式的起落架构造简单紧凑，易于放收，而且质量较小，是现代飞机上广泛采用的形式之一。

摇臂式起落架的主要特点是：机轮通过可转动的摇臂与减震器的活塞杆相连。减震器亦可以兼作承力支柱。这种形式的活塞只承受轴向力，不承受弯矩，因而密封性能好，可增大减震器的初压力以减小减震器的尺寸，克服了支柱式的缺点，在现代飞机上得到了广泛的应用。摇臂式起落架的缺点是构造较复杂，接头受力较大，因此它在使用过程中的磨损亦较严重。

链接：因起落架而引起的事故

飞机会因为起落架无法收起或者放下而在起飞及降落的过程中发生事故，这里列举几例：

1998年9月10日，中国东方航空一架MD—11型客机因前起落架无法展

◆2005 年 9 月 21 日美国捷蓝航空空客 A320 型客机紧急迫降

开，被迫在上海虹桥机场迫降。事后此事件被改编成一部纪实电影《紧急迫降》。

2005 年 9 月 21 日，美国捷蓝航空一架空客 A320 型客机因前起落架无法收回机腹内，起落架扭曲 90°。被迫在洛杉矶国际机场迫降。

2007 年 3 月 13 日，全日空一架庞巴迪 DHC8－Q400 型客机因前起落架无法展开，被迫在高知机场迫降。迫降时未发生着火或爆炸事故。

2007 年 4 月 9 日，印度航空一架空客 A310 "空中皇宫"客机从中国上海飞往印度新德里，因前起落架无法展开，被迫在新德里国际机场迫降。机上所有人员安然无恙。但是机场的两条主要跑道因此受阻，造成大量航班延误。

2009 年 2 月 28 日，罗马尼亚喀尔巴阡山航空一架 SAAB2000 型客机因前起落架无法展开，被迫在蒂米什瓦拉机场迫降。机上所有人员安然无恙。

拓展思考

1. 飞机的起落架起什么作用？
2. 你知道有几种类型的起落架？并分别说出对应的你知道的机型。
3. 请说说你知道的有关起落架无法收放的飞机事故。

瞬间接触——飞机起飞及着陆

　　飞机起飞和着落是两个很重要的过程，也是多发事故的阶段。在某些特定的条件下要求飞机能短距离起飞，如：航母上战机的起飞；有时又要求飞机能很快地停在地面上。为了达到这些目的，工程师们想方设法为飞机装上了一些附加设备。

改进飞机起飞性能

　　众所周知，随着航空技术的不断进步，飞机的重量越来越大，飞行速度越来越高，这就使得飞机的起飞和着陆速度大为提高。起飞和着陆速度越高，就意味着需要更长的跑道和更大的机场，而对于军用飞机而言，就降低了在战场部署上的机动性。因此，人们想尽了各种各样的方法来改进飞机的起飞和着陆性能。

　　改进飞机起飞性能的装置其作用是，提高飞机起飞时的加速度，使它

◆战机在航母上起飞

尽快地达到离地速度，以缩短起飞滑跑距离。其中包括起飞加速器、弹射器、加速车以及斜台发射装置等。另外，增举装置，如襟翼对改进起飞性能也是有益的。

万花筒

飞机起飞时为何打开遮阳板

　　飞机起降的时候，是整个飞行中最容易失事的时候，空服员会要求客人打开遮阳板，并且会将客舱内的灯光调暗，主要是为了让客人能够先习惯飞机外的亮度，如果真的发生意外时，眼睛就可以马上适应室外的光线亮度，而逃离现场。

起飞加速器

　　起飞加速器是使用固体或液体推进剂的火箭发动机，也可称为助飞火箭，它通常挂在机翼或机身下面。其特点是重量轻推力大，例如某种加速器仅240千克，但可产生2890千克力的推力，能大大提高起飞滑跑速度，缩短飞机的起飞滑跑距离，因此得到广泛的应用。此外，它还具有工作时间短的优点，飞机起飞后即可抛掉。

◆助飞火箭助飞机起飞

　　起飞加速器不但可用于起飞，还可用来提高飞机起飞后的爬升速度，因而有助于飞机迅速爬高。这对于歼击机在战斗中迅速占据有利高度来说是很有用的。

起飞弹射装置

◆航空母舰上飞机弹射起飞

起飞加速车

起飞弹射装置使用一个独立的起飞跑道，由拖车、车架、钢索和动力装置等组成。起飞时，飞机安放在拖车上，并点燃发动机。然后车架上的动力装置开始工作，通过传动鼓轮和钢索牵引拖车，来加大飞机的起飞推力，使飞机很快地加速到离地速度，脱离拖车而起飞。拖车靠车架上的减速装置而停止前进。

起飞弹射装置不但可以用于机场，而且可以把它拆开转运，较易满足野战要求，特别适用于歼击机。有的弹射装置专门装在航空母舰上，用来使舰载飞机起飞。

起飞加速车是装有一台或几台喷气发动机的平板车，当飞机起飞时，飞机就安放在车上，飞机本身和车上的发动机同时开动，以加大飞机的起飞推力。因此飞机便可迅速达到离地速度而脱离加速车，起飞加速车则依靠自身的刹车装置停止前进。其优点在于重量和体积都比起飞弹射装置小，转移也方便些，因此更符合野战的要求。同时还可用于重型飞机起飞。但是，在起飞滑跑过程中，加速车和飞机一起向前滑跑，一部分发动机推力要用来使加速车本身加速，传给飞机的推力减少，所以加速效果比弹射装置要差一些。

讲解——航空母舰上的飞机弹射器

重型飞机要想从航空母舰上起飞，必须借助蒸汽弹射器。其构件包括三部分：①弹射器主动力系统：开口活塞筒体、活塞环、引出牵引部分、U型密封

◆航空母舰上飞机弹射起飞

条、导气管、模度气动阀门、排气阀、安全阀、测距仪、压力传感器。②弹射器附属系统：海水淡化设备、贮水池、高压水泵、锅炉、加热装置。③弹射器控制系统和导流板。

在飞机起飞前，由位持器钢圈把尾部扣在一个坚固点上，飞机前轮附近的牵引杆垂落到一个"滑梭"内，滑梭以挂钩钩住飞机。蒸汽由母舰上的锅炉输出，增压后输入滑梭。飞机起飞时开足马力，但被位持器扣住。蒸汽弹射器一启动，飞机引擎的动力加上蒸汽压力使飞机瞬间可以获得较高的速度，从而快速起飞。

改进飞机着落性能

改进飞机着陆性能的装置其主要作用是用来减小飞机着陆时的速度，缩短飞机着陆滑跑的距离。

这些装置包括：机轮刹车、反推力装置、减速伞、减速板以及地面减速装置等等。机轮刹车的作用和我们平时所见的汽车刹车一样，而反推力装置就是着陆时发动机向反方向喷气，产生一个反向推力使飞机迅速减速。

◆F-117A放出减速伞着陆

下面介绍几种常用的减速装置。

减速伞

减速伞也叫、阻力伞，通常由主伞、引导伞和伞袋组成，其作用是通过增大飞机着陆时气动阻力的方法来使飞机减速。在不用时，减速伞放在飞机尾部的伞舱内，并用钢索、挂扣将减速伞的主伞与飞机尾部的专用挂钩相连。在着陆时，飞行员打开伞舱门，减速伞的引导伞先行掉出，

◆歼十战机降落

并在气流的作用下将伞袋拉出，于是主伞逐渐打开，产生很大的气动阻力使飞机减速。

减速板

减速板也叫阻力板，也是一种增大飞机气动阻力的装置。它可安装在机身或机翼上，用冷气或液压来操纵。需要时驾驶员操纵作动筒把它打开，不用时收入机身或机翼内。机翼上的减速板一般装在机翼后缘，机身上的减速板则可装在机身两侧或下部。

◆飞机机翼上的减速板

拦网装置

拦网装置是地面或军舰上使用的减速装置之一。拦网用坚韧的尼龙绳制成，横着拉紧在跑道上，网端用钢索连在金属支架上，与重物相连。支架上装有能受力的液压作动筒。飞机着陆时撞上拦网，拖着它向前滑跑，飞机的动能被作动筒吸收，因而很快便停止前进。这种装置构造比较简单，易于安

◆F－苏－30MKI战机打开减速板准备降落

装到任意机场上，但吸收动能有限，只适用于轻型飞机。

拓展思考

1. 飞机的起飞和降落阶段乘客应该注意什么？
2. 飞机加速起飞的方法有几种？其原理各是什么？
3. 飞机降落减速的方法有哪些？
4. 你见到过飞机起飞和降落吗？能用语言描述一下吗？

小动物大危害
——飞鸟撞飞机

小小的飞鸟根本无法与飞机相提并论，但我们不能小看了小小的飞鸟，生活中的很多飞机失事事故都是因为飞鸟而造成的。为什么小鸟对飞机而言有这么大的危害呢？就让我们来阅读本节吧。

◆失事的飞机

飞鸟撞飞机

◆大鸟与特技飞机相撞

飞鸟撞飞机称为鸟击或鸟撞，即指鸟类与飞行中的人造飞行器发生碰撞，造成伤害的事件。

飞机起飞和降落过程是最容易发生鸟击的阶段，超过90％的鸟击发生在机场和机场附近空域。

在飞机出现以前，没有高速人造飞行器，鸟类在空中的飞行与人类的活动互相没有重叠，不会造成危害。飞机的出现使得情况发生变化，由于飞机飞行速度快，与飞鸟发生碰撞后常造成极大的破坏，严重时会造成飞机的坠毁，目前鸟撞是威胁航空安全的重要因素之一。

　　飞鸟的质量比飞机小得多，为什么会造成严重的后果呢？其原因为是：当鸟与飞机相向飞行时，虽然鸟飞行的速度不会很快，但是飞机的飞行速度很快，鸟对飞机造成的撞击力会非常大。由物理学上动量定理可以求得：鸟重 0.45 千克，飞机速度 80 公里/小时，相撞将产生 1500 牛顿的力。鸟

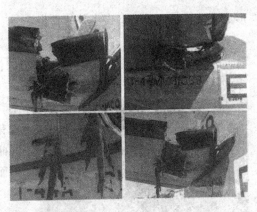

◆飞鸟撞机翼

重 0.45 千克，飞机速度 960 公里/小时，相撞将产生 21.6 万牛顿的力。鸟重 1.8 千克，飞机速度 700 公里/小时，相撞将产生比炮弹还大的冲击力。

发生鸟击的原因

　　发生鸟击的原因是多方面的，主要有：

　　1. 机场一般都是远离城市中心的城郊，周围人类建设和活动较少，常常是鸟类栖息繁殖的场所。

　　2. 机场内建筑多开阔平坦，且许多机场还建有草坪，造成机场区域内昆虫、鼠类等繁殖，为鸟类提供充足的食物。

　　3. 随着机场的建设和运营，临近机场的区域常常形成新的社区，人类活动增加，将这一区域的鸟类驱赶到相对平静的机场区域。这些因素综合起来造成机场附近的近地空域，鸟类的活动与飞机的起降

◆飞机起飞

形成交叉，从而导致鸟击事件的发生。

鸟击造成的破坏

◆飞机前面遭鸟击

鸟击对飞机的破坏与撞击的位置有着密切的关系，导致严重破坏的撞击多集中在动力和导航系统两方面。

鸟击对飞机动力系统的破坏造成的后果比较严重。对于喷气式飞机，飞鸟常常会被吸入进气口，使涡轮发动机的扇叶变形，或者卡住发动机，使发动机停机乃至起火；对于螺旋桨飞机，鸟击会导致桨叶变形乃至折断，使得飞机动力下降。对飞行器动力系统的破坏常常是致命的，会直接导致飞机失速坠毁。

飞行器的导航系统大多位于前部，并由于导航的需要，这些设备的防护罩包括风挡玻璃机械强度大多较其他部位更差，更容易在受到鸟击后损坏，导致飞行器失去导航系统的指引，在起降过程中发生失事事故。

除了导航系统和动力系统，鸟击还会对飞行器的其他部件造成破坏，如机翼、尾舵、表面喷漆等。

◆飞机发动机遭鸟击

在美国由于鸟击造成的经济损失高达每年 6 亿美元；自 1988 年以来，由于鸟击引起的坠机事故已经造成超过 190 人死亡。

鸟击防治

　　防治鸟击的思路主要是降低鸟类在机场的活动，一般分为两种：被动鸟击防治与主动鸟击防治。

　　被动鸟击防治即在机场建设之初就需要对所在地的生态环境做出评估，尽量避免在鸟类栖息地和迁徙补给地附近建设机场；机场塔台和空中交通管制部门须随时观测机场地面和上空的鸟类活动状况，遇到大量鸟类聚集和活动时，要及时关闭跑道、停止飞机起降、要求飞机拉升高度，从而减少发生鸟击的概率。

◆驱鸟煤气炮

　　主动的鸟击防治主要是驱赶鸟类离开机场空域，驱赶的方式主要是恐吓、破坏栖息环境和迁移栖息地。

　　恐吓是最简单和最直接的驱赶鸟类方式。比较流行的有煤气炮、恐怖眼、录音驱鸟、猎杀、豢养猛禽等方法。

◆恐怖眼驱鸟

煤气炮

煤气炮是一种以煤气为燃料的爆炸装置，机场地面工作人员定时燃放煤气炮，发出巨大声响，以驱走鸟类。

◆超声波驱鸟器

◆驱鸟模特儿

 恐怖眼

恐怖眼是绘制有巨大眼睛图案的气球，由于鸟类对眼睛图案比较敏感，随风飘舞的恐怖眼会起到很好的驱赶效果，但是长期使用恐怖眼同样会面临鸟类耐受性提高的问题。

 猎杀与豢养猛禽

猎杀是最原始的驱鸟方法，但是非常有效，长期的猎杀会有效控制鸟类数量，但是这种方式由于伦理和生态保护的原因遭到较多的反对，豢养猛禽是一种以鸟治鸟的方法，在机场人工驯化和饲养一定数量的猛禽，定时放飞，形成较高的密度，令野生鸟类感受到威胁，从而离开机场。

 迁移栖息地

迁移栖息地是比较困难的方式，在远离机场的区域针对造成机场鸟击事故的主要鸟种建立有针对性的保护区，建设栖息地，吸引机场附近的鸟类。在上海，九段沙湿地保护区的建立就成功地吸引了原本栖息在浦东国际机场附近的鸟类，减少了该机场的鸟击事故发生率。

鸟击防治需要综合各种方式，且必须深入研究本地鸟类的生物学和行为特征，有针对性地进行防治。

 链接——鸟撞飞机事故

据有关资料显示，世界上第一起造成人员死亡的鸟撞飞机事件发生在 1912 年，地点在美国。到 1974 年，世界范围内公开报道的因鸟击而坠毁的军用飞机 65 架、民用飞机 9 架，共死亡 130 人。20 多年来，世界各国鸟击事件大幅度增加。有专家估算，世界上每年因机鸟相撞付出的代价高达 100 多亿美元！

◆飞鸟撞上机翼

1903 年，莱特兄弟首次驾驶飞机飞行，而首次报告鸟撞飞机的也是他们俩。根据莱特兄弟的日记，1905 年 9 月 7 日，他们驾驶飞机时撞死了一只鸟。根据事发时间和地点，人们推测，这被飞机撞死的第一只鸟很可能是一只红翅黑鹂。

2004 年 4 月 7 日晚上，中国的一架从温州飞往北京的国航 CA1540 次航班机在距离首都机场 10 公里处时，突然从机头左侧部位发出"咚"的一声，原来是一只飞鸟击中了飞机。机长立即向空管部门报告，并请求降落。首都机场各单位立即启动应急预案，在机长和地面塔台工作人员的良好配合下，撞上飞鸟的飞机准时、安全地降落在首都机场，89 名乘客和 8 名机组人员全部安然无恙。

◆A320 型客机迫降哈得孙河面上

全美航空公司 1 架空中客车 A320 型客机 2009 年 1 月 15 日从纽约长岛起飞后因同飞鸟相撞双引擎全部失灵。飞行员操纵飞机避开纽约人口密集区，紧急降落在哈得孙河面上，使得机上 155 人全部获救。

广角镜——丧命于飞鸟的将军们

　　1981 年 3 月 2 日，在埃及的某一军用机场，一架米—8 型直升机徐徐升上天空。埃及的著名将领、国防部长巴达维中将及其随行人员一行正准备由埃及的苏尤赫去埃及与利比亚边境视察。

　　当飞机离开地面 15 米左右时，飞机的心脏发动机突然出了毛病，机长盖斯上校尽力操纵飞机，想使情况恢复正常，但是这架飞机怎么也不听使唤了。就在起飞仅仅 25 秒钟之后，发动机便停止了转动，直升机开始下坠，到离地面只有 6、7 米的高度时，直升机失去平衡，撞上了地面的电线杆。一瞬间，这架失去升力的重约 10 吨的庞然大物，像一块石头一样砸到地面上，剧烈的撞击使油箱爆炸，飞机立即起火燃烧。所有的这一切发生在不到 1 分钟的时间里，为国防部长送行的人还没有离去，他们眼巴巴地看着这架飞机变成了火海，却来不及抢救。

　　遇难的人中，除国防部长巴达维外，还有埃及西部军区司令、西部军区参谋长、埃及的工程兵司令、通信兵司令、后勤部司令、军事工程部司令、训练部司令、行政管理部副司令、水域管理部部长、作战部一名准将等 13 人，全是埃及军界的重要人物。

这么多高级将领同时遇难，无疑是埃及武装部队的惨重损失，埃及总统倍感震惊，他立即下了一道严厉的命令，规定今后一架飞机载运指挥官的人数不得超过4名。如果同时出发较多的高级军官，必须分乘数架飞机。

那么，到底是什么原因使直升机坠毁的呢？事后调查表明，原来是一只鸟被吸入直升机的发动机进气道，阻碍了发动机的转动，因而停车，造成事故。一只鸟造成13名将军同时遇难，这在世界航空史上也是绝无仅有的。

拓展思考

1. 小飞鸟为什么会对飞机有大的危害？
2. 为了防治飞鸟撞上飞机机场通常采用哪些方法？
3. 鸟类是人类的朋友，请讲讲鸟类对人类的益处？

安全第一
——地面保障及飞行安全

◆乘客接受空姐服务

◆美国机场的安检

随着科技的发展，飞机已变成了一种十分通用的交通工具，乘坐飞机旅行既省时，又舒适，但一旦发生事故将是惨痛的，所以飞机飞行需要周到的地面后勤保障工作及严格的安检。

飞行安全

为了保证飞机飞行过程中的安全，飞机起飞前要进行严格的安检。登上飞机后旅客还要注意个人的安全。

当今国际形势日趋复杂，地区矛盾进一步激化，恐怖活动经常出现。现在很多国家及地区都要进行较为严格的安检。旅客在登机以前必须办理登机手续，同时接受安全检查，以确保你所携带的物品符合安全规定，减少事故隐患。

登上飞机以后，一定要在起飞和着陆前系好安全带，尽管现代旅客机远比汽车平稳得多，但在任何情况下都不要忽视安全。由于飞机在起飞和着陆时处于颠簸的气流中，因此少数人可能会感到不适，有些人也会出现象晕车一样的晕机现象，有这种情况的旅客只要在登机前服用防晕药，同时注意减少活动即可。

由于飞机高度的变化所引起的气压的变化可能会导致耳中不适，此时只要做吞咽动作，使耳腔内的气压平衡，就可以消除不适感。

旅客机上是严禁吸烟的，吸烟不但会污染空气，更为重要的是容易引发火灾，酿成重大事故。我国就曾在1982年发生过一起由于吸烟引发的空难，造成机上69人中25人死亡、37人受伤的恶性事故。

◆机场加强安检

此外，对于接近预产期的孕妇，在旅行时可能导致早产，而且在飞行中分娩是较危险的，因此怀孕超过8个月者，也不应乘坐飞机。

一般来说，由于航空技术的发展及民航安全管理措

◆乘客登机

施的加强，现代旅客机的事故率已经非常低了，即使发生故障也可以采取相应的安全措施将损失减少到最小。因此，万一事故发生时首先要保持冷静，在乘务员的指导下，有组织地采取安全救生行动。

总之，民航飞行的安全问题不单是航空公司的事，每一位旅客都应该自觉遵守民航安全规定，培养自身的安全意识，共同杜绝事故的隐患。

 讲解——机场的地面保障

除少数小型无人机可通过弹射装置弹射起飞和伞降着陆，以及直升机应急情

同时注意减少活动即可。

由于飞机高度的变化所引起的气压的变化可能会导致耳中不适，此时只要做吞咽动作，使耳腔内的气压平衡，就可以消除不适感。

◆机场加强安检

旅客机上是严禁吸烟的，吸烟不但会污染空气，更为重要的是容易引发火灾，酿成重大事故。我国就曾在1982年发生过一起由于吸烟引发的空难，造成机上69人中25人死亡、37人受伤的恶性事故。

此外，对于接近预产期的孕妇，在旅行时可能导致早产，而且在飞行中分娩是较危险的，因此怀孕超过8个月者，也不应乘坐飞机。

一般来说，由于航空技术的发展及民航安全管理措

◆乘客登机

施的加强，现代旅客机的事故率已经非常低了，即使发生故障也可以采取相应的安全措施将损失减少到最小。因此，万一事故发生时首先要保持冷静，在乘务员的指导下，有组织地采取安全救生行动。

总之，民航飞行的安全问题不单是航空公司的事，每一位旅客都应该自觉遵守民航安全规定，培养自身的安全意识，共同杜绝事故的隐患。

讲解——机场的地面保障

除少数小型无人机可通过弹射装置弹射起飞和伞降着陆，以及直升机应急情

同时注意减少活动即可。

由于飞机高度的变化所引起的气压的变化可能会导致耳中不适，此时只要做吞咽动作，使耳腔内的气压平衡，就可以消除不适感。

旅客机上是严禁吸烟的，吸烟不但会污染空气，更为重要的是容易引发火灾，酿成重大事故。我国就曾在1982年发生过一起由于吸烟引发的空难，造成机上69人中25人死亡、37人受伤的恶性事故。

◆机场加强安检

此外，对于接近预产期的孕妇，在旅行时可能导致早产，而且在飞行中分娩是较危险的，因此怀孕超过8个月者，也不应乘坐飞机。

一般来说，由于航空技术的发展及民航安全管理措

◆乘客登机

施的加强，现代旅客机的事故率已经非常低了，即使发生故障也可以采取相应的安全措施将损失减少到最小。因此，万一事故发生时首先要保持冷静，在乘务员的指导下，有组织地采取安全救生行动。

总之，民航飞行的安全问题不单是航空公司的事，每一位旅客都应该自觉遵守民航安全规定，培养自身的安全意识，共同杜绝事故的隐患。

讲解——机场的地面保障

除少数小型无人机可通过弹射装置弹射起飞和伞降着陆，以及直升机应急情

况下的着陆与起飞外，大部分航空器的起飞与着陆都需要专门的机场、着陆引导系统和其他保障设施。飞机飞行过程中也需要地面引导并进行空中交通管制。

机场是供飞机起飞、着陆、停放、维护，并有专门设施保障飞机飞行活动的场所。机场区域由地面和空中两部分组成。地面部分包括飞行场地、技术和生活服务区；空中部分包括起落航线和其他飞行空域。专门供军用飞机使用的机场称为军用机场；民航机场用以为民航班机提供起降服务。专用机场是指军民用飞机制造厂、科研机构、专门的飞行试验研究机构、有关院校等单位专属的机场。机场地面保障设备是保障飞行用的各种机场设备。

◆飞机停机坪

◆飞机场加油

仪表着陆系统，是目前应用最为广泛的飞机精密进近和着陆引导系统。它的作用是由地面发射的两束无线电信号实现航向道和下滑道指引，建立一条由跑道指向空中的虚拟路径，飞机通过机载接收设备，确定自身与该路径的相对位置，使飞机沿正确方向飞向跑道并且平稳下降高度，最终实现安全着陆。一个完整的仪表着陆系统包括方向引导、距离参考和目视参考系统。

飞机的黑匣子

飞机黑匣子到底是什么东西呢？

实际上，"黑匣子"是俗名。它的真名很普通："飞行数据记录仪"。它是一种将飞机飞行的情况储存下来的仪器，当"不幸"发生以后需要了解飞行情况时，可以通过一些设备把它们播放出来。

在一个匣子里，装上磁记录设备，它可以实时地把飞行员说的话，飞行员机外通信和飞行数据记录下来，一般在飞机出事前 30 分钟的各种信息，它都可以保留下来。这样，就为事后分析故障提供了方便。

其实，黑匣子并不是黑色的，为了便于人们搜寻，它被涂上了鲜艳的橘黄、橘红色。也许是人们觉得它里面存储的东西对飞机事故的鉴定意义重大，实在是太神秘了，所以使用了这样一个同样神秘的名字——"黑匣子"。

◆失事后飞机的黑匣子

链接——黑匣子的发展

1908 年，美国发生了第一起军用飞机事故。以后，随着飞行事故增加，迫切需要有一种研究事故发生原因的仪器。第二次世界大战时，飞行记录仪正式在军用飞机上使用。战后，开始用到民航飞机上。由于当时的科技水平有限，早期的记录方式比较落后，用的是机械记录的方法，记录在照相纸上。虽然有所记录，但是很多都"消失"了。当磁记录方式发明后，可靠性才有所改变。

为了保证这种设备在飞机出事故后不被破坏，特地用合金材料为它制作了一个非常坚固的匣子。这种匣子耐高温（600℃～800℃）、高压（可承受 1 吨重的压力），防腐蚀。为了回收方便，黑匣子上还安置了降落伞，一般当飞机达到某一极限，它可以自动弹出安全降落。为了确保安全，它通常安装在远离飞机中心的尾翼翼根的地方。看来，飞机设计人员对这位特殊的"见证人"是倍加照顾的。

目前，大多数的客机、军用飞机上安装的黑匣子有两种。

一是称为飞机数据记录器的黑匣子，专门记录飞行中的各种数据，如飞行的

同时注意减少活动即可。

由于飞机高度的变化所引起的气压的变化可能会导致耳中不适，此时只要做吞咽动作，使耳腔内的气压平衡，就可以消除不适感。

◆机场加强安检

旅客机上是严禁吸烟的，吸烟不但会污染空气，更为重要的是容易引发火灾，酿成重大事故。我国就曾在1982年发生过一起由于吸烟引发的空难，造成机上69人中25人死亡、37人受伤的恶性事故。

此外，对于接近预产期的孕妇，在旅行时可能导致早产，而且在飞行中分娩是较危险的，因此怀孕超过8个月者，也不应乘坐飞机。

一般来说，由于航空技术的发展及民航安全管理措

◆乘客登机

施的加强，现代旅客机的事故率已经非常低了，即使发生故障也可以采取相应的安全措施将损失减少到最小。因此，万一事故发生时首先要保持冷静，在乘务员的指导下，有组织地采取安全救生行动。

总之，民航飞行的安全问题不单是航空公司的事，每一位旅客都应该自觉遵守民航安全规定，培养自身的安全意识，共同杜绝事故的隐患。

讲解——机场的地面保障

除少数小型无人机可通过弹射装置弹射起飞和伞降着陆，以及直升机应急情

同时注意减少活动即可。

由于飞机高度的变化所引起的气压的变化可能会导致耳中不适，此时只要做吞咽动作，使耳腔内的气压平衡，就可以消除不适感。

旅客机上是严禁吸烟的，吸烟不但会污染空气，更为重要的是容易引发火灾，酿成重大事故。我国就曾在1982年发生过一起由于吸烟引发的空难，造成机上69人中25人死亡、37人受伤的恶性事故。

此外，对于接近预产期的孕妇，在旅行时可能导致早产，而且在飞行中分娩是较危险的，因此怀孕超过8个月者，也不应乘坐飞机。

一般来说，由于航空技术的发展及民航安全管理措

◆机场加强安检

◆乘客登机

施的加强，现代旅客机的事故率已经非常低了，即使发生故障也可以采取相应的安全措施将损失减少到最小。因此，万一事故发生时首先要保持冷静，在乘务员的指导下，有组织地采取安全救生行动。

总之，民航飞行的安全问题不单是航空公司的事，每一位旅客都应该自觉遵守民航安全规定，培养自身的安全意识，共同杜绝事故的隐患。

讲解——机场的地面保障

除少数小型无人机可通过弹射装置弹射起飞和伞降着陆，以及直升机应急情

况下的着陆与起飞外,大部分航空器的起飞与着陆都需要专门的机场、着陆引导系统和其他保障设施。飞机飞行过程中也需要地面引导并进行空中交通管制。

机场是供飞机起飞、着陆、停放、维护,并有专门设施保障飞机飞行活动的场所。机场区域由地面和空中两部分组成。地面部分包括飞行场地、技术和生活服务区;空中部分包括起落航线和其他飞行空域。专门供军用飞机使用的机场称为军用机场;民航机场用以为民航班机提供起降服务。专用机场是指军民用飞机制造厂、科研机构、专门的飞行试验研究机构、有关院校等单位专属的机场。机场地面保障设备是保障飞行用的各种机场设备。

◆飞机停机坪

◆飞机场加油

仪表着陆系统,是目前应用最为广泛的飞机精密进近和着陆引导系统。它的作用是由地面发射的两束无线电信号实现航向道和下滑道指引,建立一条由跑道指向空中的虚拟路径,飞机通过机载接收设备,确定自身与该路径的相对位置,使飞机沿正确方向飞向跑道并且平稳下降高度,最终实现安全着陆。一个完整的仪表着陆系统包括方向引导、距离参考和目视参考系统。

飞机的黑匣子

飞机黑匣子到底是什么东西呢?

实际上,"黑匣子"是俗名。它的真名很普通:"飞行数据记录仪"。它是一种将飞机飞行的情况储存下来的仪器,当"不幸"发生以后需要了解飞行情况时，可以通过一些设备把它们播放出来。

在一个匣子里，装上磁记录设备，它可以实时地把飞行员说的话，飞行员机外通信和飞行数据记录下来，一般在飞机出事前30分钟的各种信息，它都可以保留下来。这样，就为事后分析故障提供了方便。

其实，黑匣子并不是黑色的，为了便于人们搜寻，它被涂上了鲜艳的橘黄、橘红色。也许是人们觉得它里面存储的东西对飞机事故的鉴定意义重大，实在是太神秘了，所以使用了这样一个同样神秘的名字——"黑匣子"。

◆失事后飞机的黑匣子

链接——黑匣子的发展

1908年，美国发生了第一起军用飞机事故。以后，随着飞行事故增加，迫切需要有一种研究事故发生原因的仪器。第二次世界大战时，飞行记录仪正式在军用飞机上使用。战后，开始用到民航飞机上。由于当时的科技水平有限，早期的记录方式比较落后，用的是机械记录的方法，记录在照相纸上。虽然有所记录，但是很多都"消失"了。当磁记录方式发明后，可靠性才有所改变。

为了保证这种设备在飞机出事故后不被破坏，特地用合金材料为它制作了一个非常坚固的匣子。这种匣子耐高温（600℃～800℃）、高压（可承受1吨重的压力），防腐蚀。为了回收方便，黑匣子上还安置了降落伞，一般当飞机达到某一极限，它可以自动弹出安全降落。为了确保安全，它通常安装在远离飞机中心的尾翼翼根的地方。看来，飞机设计人员对这位特殊的"见证人"是倍加照顾的。

目前，大多数的客机、军用飞机上安装的黑匣子有两种。

一是称为飞机数据记录器的黑匣子，专门记录飞行中的各种数据，如飞行的

解飞行情况时，可以通过一些设备把它们播放出来。

在一个匣子里，装上磁记录设备，它可以实时地把飞行员说的话，飞行员机外通信和飞行数据记录下来，一般在飞机出事前 30 分钟的各种信息，它都可以保留下来。这样，就为事后分析故障提供了方便。

其实，黑匣子并不是黑色的，为了便于人们搜寻，它被涂上了鲜艳的橘黄、橘红色。也许是人们觉得它里面存储的东西对飞机事故的鉴定意义重大，实在是太神秘了，所以使用了这样一个同样神秘的名字——"黑匣子"。

◆失事后飞机的黑匣子

链接——黑匣子的发展

1908 年，美国发生了第一起军用飞机事故。以后，随着飞行事故增加，迫切需要有一种研究事故发生原因的仪器。第二次世界大战时，飞行记录仪正式在军用飞机上使用。战后，开始用到民航飞机上。由于当时的科技水平有限，早期的记录方式比较落后，用的是机械记录的方法，记录在照相纸上。虽然有所记录，但是很多都"消失"了。当磁记录方式发明后，可靠性才有所改变。

为了保证这种设备在飞机出事故后不被破坏，特地用合金材料为它制作了一个非常坚固的匣子。这种匣子耐高温（600℃～800℃）、高压（可承受 1 吨重的压力），防腐蚀。为了回收方便，黑匣子上还安置了降落伞，一般当飞机达到某一极限，它可以自动弹出安全降落。为了确保安全，它通常安装在远离飞机中心的尾翼翼根的地方。看来，飞机设计人员对这位特殊的"见证人"是倍加照顾的。

目前，大多数的客机、军用飞机上安装的黑匣子有两种。

一是称为飞机数据记录器的黑匣子，专门记录飞行中的各种数据，如飞行的

同时注意减少活动即可。

由于飞机高度的变化所引起的气压的变化可能会导致耳中不适，此时只要做吞咽动作，使耳腔内的气压平衡，就可以消除不适感。

◆机场加强安检

旅客机上是严禁吸烟的，吸烟不但会污染空气，更为重要的是容易引发火灾，酿成重大事故。我国就曾在1982年发生过一起由于吸烟引发的空难，造成机上69人中25人死亡、37人受伤的恶性事故。

此外，对于接近预产期的孕妇，在旅行时可能导致早产，而且在飞行中分娩是较危险的，因此怀孕超过8个月者，也不应乘坐飞机。

一般来说，由于航空技术的发展及民航安全管理措

◆乘客登机

施的加强，现代旅客机的事故率已经非常低了，即使发生故障也可以采取相应的安全措施将损失减少到最小。因此，万一事故发生时首先要保持冷静，在乘务员的指导下，有组织地采取安全救生行动。

总之，民航飞行的安全问题不单是航空公司的事，每一位旅客都应该自觉遵守民航安全规定，培养自身的安全意识，共同杜绝事故的隐患。

讲解——机场的地面保障

除少数小型无人机可通过弹射装置弹射起飞和伞降着陆，以及直升机应急情

况下的着陆与起飞外，大部分航空器的起飞与着陆都需要专门的机场、着陆引导系统和其他保障设施。飞机飞行过程中也需要地面引导并进行空中交通管制。

机场是供飞机起飞、着陆、停放、维护，并有专门设施保障飞机飞行活动的场所。机场区域由地面和空中两部分组成。地面部分包括飞行场地、技术和生活服务区；空中部分包括起落航线和其他飞行空域。专门供军用飞机使用的机场称为军用机场；民航机场用以为民航班机提供起降服务。专用机场是指军民用飞机制造厂、科研机构、专门的飞行试验研究机构、有关院校等单位专属的机场。机场地面保障设备是保障飞行用的各种机场设备。

◆飞机停机坪

◆飞机场加油

仪表着陆系统，是目前应用最为广泛的飞机精密进近和着陆引导系统。它的作用是由地面发射的两束无线电信号实现航向道和下滑道指引，建立一条由跑道指向空中的虚拟路径，飞机通过机载接收设备，确定自身与该路径的相对位置，使飞机沿正确方向飞向跑道并且平稳下降高度，最终实现安全着陆。一个完整的仪表着陆系统包括方向引导、距离参考和目视参考系统。

飞机的黑匣子

飞机黑匣子到底是什么东西呢？

实际上，"黑匣子"是俗名。它的真名很普通："飞行数据记录仪"。它是一种将飞机飞行的情况储存下来的仪器，当"不幸"发生以后需要了解飞行情况时，可以通过一些设备把它们播放出来。

在一个匣子里，装上磁记录设备，它可以实时地把飞行员说的话，飞行员机外通信和飞行数据记录下来，一般在飞机出事前 30 分钟的各种信息，它都可以保留下来。这样，就为事后分析故障提供了方便。

其实，黑匣子并不是黑色的，为了便于人们搜寻，它被涂上了鲜艳的橘黄、橘红色。也许是人们觉得它里面存储的东西对飞机事故的鉴定意义重大，实在是太神秘了，所以使用了这样一个同样神秘的名字——"黑匣子"。

◆失事后飞机的黑匣子

链接——黑匣子的发展

1908 年，美国发生了第一起军用飞机事故。以后，随着飞行事故增加，迫切需要有一种研究事故发生原因的仪器。第二次世界大战时，飞行记录仪正式在军用飞机上使用。战后，开始用到民航飞机上。由于当时的科技水平有限，早期的记录方式比较落后，用的是机械记录的方法，记录在照相纸上。虽然有所记录，但是很多都"消失"了。当磁记录方式发明后，可靠性才有所改变。

为了保证这种设备在飞机出事故后不被破坏，特地用合金材料为它制作了一个非常坚固的匣子。这种匣子耐高温（600℃～800℃）、高压（可承受 1 吨重的压力），防腐蚀。为了回收方便，黑匣子上还安置了降落伞，一般当飞机达到某一极限，它可以自动弹出安全降落。为了确保安全，它通常安装在远离飞机中心的尾翼翼根的地方。看来，飞机设计人员对这位特殊的"见证人"是倍加照顾的。

目前，大多数的客机、军用飞机上安装的黑匣子有两种。

一是称为飞机数据记录器的黑匣子，专门记录飞行中的各种数据，如飞行的

时间、速度、高度、飞机舵面的偏度、发动机的转速、温度等，共有30多种数据，并可累计记录25小时。另一种称为飞行员语言记录器的黑匣子，就像录音机一样，它通过安放在驾驶舱及座舱内的扬声器，录下飞行员与飞行员之间以及座舱内乘客、劫机者与空中小姐的讲话声，它记录的时间为30分钟，超过30分钟又会重新开始录音。一旦出现空难，整个事故过程中的飞行参数就能从黑匣子中找到，人们便可知道飞机失事的原因。

随着科技的迅速发展，黑匣子也在不断更新换代。现代电子客机的发展出现了集成电路存储器，像电脑中的内存条那样，可记录2小时的声音和25小时的飞行数据，大大提高了空难分析的准确度。

最早的航空灾难——撞击帝国大厦

◆帝国大厦

这天是一个星期天，纽约上空浓雾弥漫，能见度很低。一架美国空军的B—25型轰炸机，从马萨诸塞州起飞后，直飞纽约。驾驶这架B—25轰炸机的两名飞行员之一是有1千多小时飞行经验的史密斯中校，同时机上还搭载了一名叫阿尔贝特的军人。B—25飞机原定在纽约的瓜尔迪亚机场降落，当飞到纽约时，由于雾太大，地面指挥所命令飞机改到纽瓦克机场降落。飞行员接到命令后，就立即改变航向，准备绕过纽约市。然而，由于浓雾的笼罩，两名飞行员根本不知道危险已经悄悄地降临，当他们发现迎面急速而来的帝国大厦时，一切行动都已经晚了——B—25飞机撞到了帝国大厦上。

B—25在帝国大厦第79层的墙上撞开一个大洞，伴随着一声巨响，一团火光从碰撞处升起，把大厦照得通明，紧接着整个帝国大厦的上部浓烟弥漫。闻讯而来的消防队员很快就控制住了整个局势，除了第79层遭到严重破坏外，76层下面的6层建筑也受到不同程度的损坏。当消防队员冲入室内时，发现了11名

> 这一事故使人们深深地认识到，城市中的高层建筑物顶上必须安装灯光信标，以避免飞机在飞行中撞上。

受害者的尸体，连同飞机上的3人，一共有14人丧命于这次"天地大碰撞"中。值得庆幸的是，7月28日是星期日，事故又发生在早上，平时帝国大厦里通常有5万多人，而事发当日整个大厦内只有约1500人，因而没有造成更大的灾难。

事故发生后有人指出，如果在帝国大厦顶端安装一个灯光信标，就可以避免这种事故发生。事实上在事发之前的确有人提出过这个建议，只是未能引起足够的重视。

历史上的空难——9·11恐怖事件

美国东部时间2001年9月11日早晨8：40，四架美国国内民航班机几乎被同时劫持，其中两架撞击位于纽约曼哈顿的世界贸易中心，一架袭击了首都华盛顿美国国防部所在地五角大楼，而第四架被劫持飞机在宾夕法尼亚州坠毁。纽约世界贸易中心的两幢110层摩天大楼在遭到攻击后相继倒塌，除此之外，世贸中心附近5幢建筑物也受震而坍塌损毁；五角大楼遭到局部破坏，部分结构坍塌；袭击事件令曼哈顿岛上空布满尘烟。这就是9·11恐怖撞机事件。

在9·11事件中共有2998人罹难：其中2974人被官方证实死亡，另外还有24人下落不明。罹难人员名单中包括：四架飞机上的全部乘客共246人，世贸中心2603人，五角大楼125人。共有411名救援人员在此次事件中殉职。

2001年9月11日当天的恐怖袭击对美国及全球产生巨大的影响。这次事件是继第二次世界大战期间珍珠港事件后，

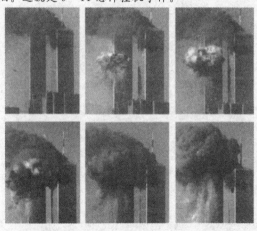

◆世贸大厦着火

历史上第二次对美国造成重大伤亡的袭击。这次事件是人类历史上迄今为止最严重的恐怖袭击事件。

拓展思考

1. 你乘过飞机吗？讲讲你当时的体验。
2. 飞机飞行过程中乘客要注意哪些个人安全？
3. 恐怖活动是人类的大敌，谈谈当今世界上怎么反恐？